全国页岩气资源潜力调查评价
及有利区优选系列丛书

川渝黔鄂页岩气资源调查评价与有利选区

国土资源部油气资源战略研究中心等/编著

科学出版社

北京

内 容 简 介

本书系统介绍了我国川渝黔鄂地区页岩气发育地质条件、聚集规律、资源潜力分布及有利区优选等方面的研究成果。全书共分为五章，第一章重点介绍中国富有机质页岩及页岩气资源条件，第二章对川渝黔鄂地区页岩气形成地质背景进行了详细分析，第三章涉及页岩生气、聚集与保存条件，阐释了页岩气成藏地质规律，第四章是页岩气资源潜力评价方法及结果，第五章为页岩气发育有利区优选方法与应用效果。

本书可供从事非常规油气研究的科技人员、高等院校油气相关专业的师生参考。

图书在版编目（CIP）数据

川渝黔鄂页岩气资源调查评价与有利选区/国土资源部油气资源战略研究中心等编著. —北京：科学出版社，2019.8

（全国页岩气资源潜力调查评价及有利区优选系列丛书）

ISBN 978-7-03-061451-3

Ⅰ. ①川⋯　Ⅱ. ①国⋯　Ⅲ. ①油页岩资源–资源调查–中国　Ⅳ. ①TE155

中国版本图书馆 CIP 数据核字（2019）第 111894 号

责任编辑：吴凡洁　崔元春/责任校对：杨　赛
责任印制：师艳茹/封面设计：黄华斌

科学出版社 出版
北京东黄城根北街 16 号
邮政编码：100717
http://www.sciencep.com

三河市春园印刷有限公司 印刷

科学出版社发行　各地新华书店经销

*

2019 年 8 月第 一 版　　开本：787×1092　1/16
2019 年 8 月第一次印刷　　印张：9 1/4
字数：202 000

定价：168.00 元
（如有印装质量问题，我社负责调换）

参加编写单位

中国地质大学（北京）
中国矿业大学（北京）
中国石油大学（华东）

编 著 者

张金川 韩双彪 林腊梅 龙鹏宇
唐 玄 党 伟 刘 飐 姜文利
姜生玲 尉鹏飞

前言

非常规天然气主要包括煤层气、致密砂岩气、深盆气、页岩气、生物气和水合物等。页岩气、致密砂岩气和煤层气是目前勘探开发较为成功的三大类非常规天然气，或将成为常规天然气供应的替代类型。全球页岩气资源非常丰富，主要分布在北美、中亚、中国等国家和地区。目前，北美地区页岩气产量增长速度非常快，美国已在密歇根盆地、印第安纳盆地等多个盆地中实施了商业性页岩气开采，可采储量为 8778 亿～21521 亿 m^3。2009 年美国的天然气总产量达 6240 亿 m^3，创历史新高，从而取代了俄罗斯（年产 5829 亿 m^3）成为世界第一大产气国，这离不开非常规天然气产量的贡献。据统计，2009 年美国非常规天然气产量占天然气总量的 51%，其中页岩气产量高达 900 亿 m^3，较 2008 年增长了 80%。美国非常规天然气（页岩气）工业性开发的巨大成功引起了人们对非常规油气资源的广泛关注，尤其是使人们对我国南方地区下古生界页岩气资源产生了极大兴趣。

页岩气是主体以吸附态和游离态两种状态同时赋存于具有自身生气能力的泥页岩地层中的天然气，也包括部分赋存在以砂质、粉砂质为主的夹层状其他岩性地层中的天然气。页岩气具有多阶段及多类型成因、孔隙与裂缝多机理赋存、"自生自储"原地聚集、抗破坏稳定保存等一系列特殊地质特征，在天然气富集机理及赋存方式方面填补了游离气（常规储层气）与吸附气（煤层气）之间的空缺，在油气富集机理、勘探领域及分布空间等方面对常规气藏构成了重要补充。

页岩气的存在和发现拓展了油气勘探的领域和范围。与常规储层气相比，页岩气的聚集呈现无或极短距离二次运移的聚集特点，天然气的赋存及富集不依赖于常规意义上的圈闭及其保存条件，因此，直接将传统意义上的气源岩作为页岩气勘探的目标，扩大了天然气勘探的领域和范围；与传统意义上的"裂隙气"相比，页岩气突出了天然气赋存的吸附特点，20%～80%（平均 50%）的吸附气量极大地增加了天然气的产、储及资源量，使得泥页岩地层中原本没有裂缝的地区和层位也可以通过压裂及人工造隙的方法获得产量；与以吸附作用为主要特点的煤层气相比，页岩气兼具吸附态和游离态两种天然气赋存相态，虽然泥页岩的有机质含量普遍较低，产气及吸附气能力相对较差，但页岩的分布远比煤层分布广泛，因此页岩气的勘探潜力较煤层气更大。总之，复杂的天然气生成机理、赋存相态、聚集机理及富集条件等，使得页岩气具有明显的地质特殊性。

吸附作用所带来的聚集机理上的重大改变，使页岩气发育具有广泛的基础和广阔的前景，有望成为中国重要的能源替代品。在平面上，原来不具备油气成藏与保存条件的地区可能会因为页岩气的存在而具有广阔的勘探前景。在川渝黔鄂地区，由于后期抬升强烈，破坏剥蚀严重，常规油气勘探困难重重。对比研究表明，该地区下古生界（下寒武统和下志留统）海相黑色页岩厚度大且区域分布稳定，页岩气富集条件优越，是中国最好的页岩气发育有利区域之一。按照古生界黑色页岩分布范围估算，该地区将增加大约 100 万 km² 的天然气勘探面积；在老油气区，泥页岩层系常被作为生气源岩或者封闭盖层，而实际上，这些泥页岩层系可能就是页岩气勘探的有效目标层位，当地质条件具备时，一批新的油气勘探开发目标层系将会陡增。

中国自 1993 年转变为石油净进口国以来，石油净进口量连年递增，2004 年和 2008 年分别冲破了 1 亿 t 和 2 亿 t。2009 年，中国的原油生产出现了自 1982 年以来的首次负增长，石油对外依存度首次冲过 50% 的防线。页岩气是资源潜力大、分布面积广的低碳能源，是美国能源消费的主要类型之一。中国存在页岩气发育的良好地质条件，初步计算结果表明，中国拥有大致与美国相当的页岩气资源量。根据美国的经验，页岩气可能是解决中国天然气短缺的基本途径。川渝黔鄂所在地区是中国人口众多、经济发达但能源资源严重匮乏的地区，同时也是中国页岩气发育条件相对最好、规模最大的富集区域。页岩气的勘探开发无疑会对中国能源结构的合理布局产生重要影响，可为近年来已经给社会造成严重影响的油气能源短缺问题提供解决方案。

2009 年 11 月 15 日，美国总统奥巴马首次访华，中美签署《中美关于在页岩气领域开展合作的谅解备忘录》，使中国的页岩气基础性研究的迫切性上升到了国家层面。由于国家层面的高度重视，中国的页岩气勘探发展迅速。但是，中国系统、深入的页岩气理论研究非常薄弱，目前的理论研究进展严重滞后于实际勘探生产，成为制约中国页岩气发展的瓶颈。在这些研究中，页岩的含气能力和含气特点是最值得重点考虑和研究的关键问题。

当前中国天然气工业呈现出良好的发展趋势，中国正从贫气国迈向产气大国。随着中国油气勘探程度越来越高，勘探领域越来越广，海相油气在中国油气勘探和开发中的地位肯定会变得越来越重要。中国南方古生界海相页岩沉积和美国古生界页岩沉积具有相似的条件，均属于古生代发育的海相沉积，泥页岩不仅是盆地内常规气藏的烃源岩，还具备了页岩气成藏的地质条件。美国在海相地层勘探中取得了很大的成就，其页岩气已经实现了商业化生产。川渝黔鄂地区下古生界泥页岩分布面积广、厚度大、埋藏深度适中、有机碳含量高、热演化程度高、裂缝发育且经历了多期复杂的构造运动，具备形成页岩气藏的有利地质条件，美国主要的产页岩气盆地亦具备此特点，均经历了复杂的构造运动，勘探难度比较大。

总之，页岩气作为非常规天然气中分布范围最广且发展速度最快的类型，其自身发育和分布具有明显的特殊性。页岩气的开发生产极大地扩宽了油气勘探的领域和范围，对实现中国南方海相页岩的油气勘探突破、缓解中国的油气能源压力具有重要意义。因此，有必要以现代页岩气理论为基础，对中国川渝黔鄂地区页岩气的成藏条件、资源分布及评价进行预测研究。川渝黔鄂地区下古生界尤其是四川盆地边缘构造活动强烈的地方（如川东南、鄂西渝东等地）的油气勘探将是中国南方油气勘探的一个重要方向。但是由于该地区构造破坏比较严重，在新钻的几口井（丁1井、林1井、建南1井）中并没有发现油气藏。由于页岩气具有自生自储、赋存相态多样、抗破坏能力强的特点，有必要转变其勘探思路，以非常规页岩气理论来指导南方的油气勘探，以期取得"柳暗花明"之功效。

本书的内容和素材来源于"十三五"国家科技重大专项（2016ZX05034-002-001）、国家自然科学基金项目（41802156）和全国油气资源战略选区调查与评价专项（2009GYXQ15）的研究成果，在此对项目和专家的支持一并表示感谢。

本书撰写时间有限，难免存在不尽人意之处，还望读者不吝批评斧正。

作　者

2018 年 5 月

目录

第 1 章
中国页岩气资源条件

1.1　页岩气研究现状

1. 系统的理论研究为现今的页岩气工业奠定了重要基础

1821 年，William Hart 在纽约州肖托夸（Chautauqua）县弗里多尼亚（Fredonia）镇加拿大溪（Canadaway Creek）附近完成了第一口页岩气（泥盆系 Dunkirk）商业性钻井（David, 2007），虽然其由于埋深浅、产气量少而没有引起人们的足够重视，但却就此拉开了美国天然气工业发展的序幕（Curtis, 2002）。此后，美国的页岩气发展迅速，且页岩气不断地被发现。美国对天然气需求的持续增加，不断地刺激天然气（页岩气）的勘探生产。在 1921~1975 年，美国的页岩气完成了从发现到工业化大规模生产的发展过程。但由于认识不足，该阶段仅限于对传统的裂缝型页岩气的开发生产和勘探研究，页岩气的总体发展规模受到严重制约。

20 世纪 70 年代以来，美国政府相关机构投入了大量资金用于页岩气的勘探研究。1973 年第四次中东战争期间的石油禁运和 1976~1977 年的第一次石油危机促使美国能源部（DOE）加快了天然气勘探研究的步伐。1976 年，美国能源研究和发展署（ERDA）联合国家地质调查所（USGS）、州级地质调查所、相关大学及工业团体，共同发起并实施了针对页岩气研究与开发的东部页岩气工程计划（EGSP），这一计划的实施和完成扩大了页岩气的勘探开发范围，促进了页岩气产量的大幅度增加和一批科研成果的产出，尤其是在理论上认识到了页岩气的吸附机理，使美国的页岩气产、储及资源量实现了翻番，为美国现在的页岩气蓬勃发展奠定了重要的基础。80~90 年代早期，美国天然气技术研究院（GTI）倡导并构建了以岩心实验为基础的一系列页岩气研究方法和手段（李新景等，2007）。

不同程度和多角度的页岩气理论研究加快了美国页岩气的工业化步伐，页岩气目前已经是美国、加拿大等西方发达国家油气勘探的热点和重点。近年来，美国的页岩气产量迅速增长，其发展速度超过了包括煤层气在内的其他所有类型的非常规油气藏。1998年，美国的页岩气产量占当时美国天然气总产量的 1.6%，储量为美国探明天然气储量的2.3%（Curtis，2002）；2005 年，美国的页岩气年产量达到了美国干气总产量的 4.5%；2009年，美国的页岩气产量约 880.66 亿 m^3，占美国天然气总产量的 14%；预计到 2035 年，美国的页岩气产量较 2010 年将增加 20%，将占美国天然气总产量的 45%（Matthew，2011）。

尽管美国的页岩气已经成功地转向了开发生产阶段，但关于页岩气的形成条件及其富集模式的研究一直没有停止，页岩的含气量及其变化特点研究也一直未有突破性成果。21 世纪初，中国的页岩气研究逐渐展开（张金川等，2003，2004；包书景，2008；董大忠等，2009），在不同研究者分别从不同的角度对页岩气展开讨论分析的同时，页岩气合作及钻探工作也陆续展开，表明了中国页岩气的快速起步和蓬勃发展。由于页岩气地质相关理论研究相对薄弱，目前还无法及时有效地满足勘探实践的需要，页岩气地质理论及其应用研究亟待进一步展开，深入的理论研究将为我国页岩气工业的发展奠定基础。

2. 聚集条件是页岩气理论研究的基础

由于页岩气特殊的赋存机理及聚集方式，页岩地层中天然气的聚集条件一直是一个长期讨论但未得出结论的问题。页岩中的天然气可能来自生物化学作用、热解作用或者两者的混合作用（Scholl，1980；Curtis，2002；Martini et al.，2003），因此页岩生气并形成页岩气的条件主要取决于有机碳（TOC）含量和有机质成熟度（Claypool et al.，1978）。

在天然气的生成方面，页岩气拓宽了天然气的生成范围，延伸了常规意义上所界定的有效烃源岩的范围（有机碳含量从 0.5%降低至 0.3%）（Curtis，2002）。鉴于此，有机碳含量下限一直是一个备受关注的焦点，Schmoker（1981,1993）指出产气页岩的有机碳含量下限大约为 2%；Bowker（2007）则认为，要获得一个有经济价值的勘探目标，有机碳含量下限应为 2.5%～3.0%；Curtis（2002）则认为，密执安盆地泥盆系 Antrim 页岩的有机碳含量下限只有 0.3%。因此，当考虑吸附作用机理时，页岩气的聚集机理条件是一个值得重新考虑的问题。

在天然气的热演化条件方面，多数研究者认为有效生气页岩的成熟度（R_o）对应于0.4%～2.0%（Zeilinski and McIver，1982；Curtis，2002）。但随着有机质热演化程度的提高，页岩地层的生气能力逐渐下降。Schmoker（1981）和 Milici（1993）报道了阿巴拉契亚盆地部分地区产气页岩有机质热演化程度的上限为 4.0%，与我们在前期研究中的结论认识具有一定的吻合性，即页岩的高成熟度（$R_o>2\%$）可能不是制约页岩气富集的死线。下古生界黑色页岩通常经历了复杂的地质变动，但二次生烃机理和生气特点较一次连续生气具有更高的效率（李慧莉等，2007），生物化学作用也可能是天然气重要的生成途径。在保存条件好、吸附能力强的页岩中，有利于形成工业含气量规模。尽管如此，高成熟度背景下的页岩富集条件仍是一个需要进一步研究的问题。

在储集条件方面，页岩气将常规油气地质研究中的源岩层或盖层延伸为目的层，将勘探目标层系从以砂岩等为代表的常规储层延伸至以泥页岩为主的超致密地层中，将天然气储集的有效储层孔隙度降低至1%；页岩气由于自身具有较强的抗破坏能力，将油气勘探的主体对象和目标从保存条件良好的盆地区扩大到了后期抬升强烈、现今保存条件较差的（残留盆地）抬隆区。

3. 含气量及含气特点变化规律是页岩气研究的核心内容

页岩中所含的天然气主要包括游离气和吸附气两种，也包括极少量的溶解气。吸附气以吸附状态赋存于有机质和黏土矿物颗粒表面，是页岩含气量的重要组成部分，通常占页岩总含气量的50%左右（变化于20%～88%）（Curits，2002）。在福特沃斯（Fort Worth）盆地，Barnett页岩的吸附气含量约占原始天然气地质储量的61%（Mavor，2003）。吸附气含量受有机质类型、丰度、成熟度及埋藏深度等多种因素的影响（聂海宽等，2009），但在通常情况下与有机质丰度呈正相关关系。游离气以游离态赋存于页岩的微孔隙和微裂缝中，它与以吸附态存在的天然气共同构成了页岩含气的主体。游离气的存在与裂缝、微裂缝的发育关系密切，同时还受孔隙度和裂缝孔隙度的约束和影响。较吸附气来说，游离气更易于散失，因此在埋藏深度较大、保存条件较好、裂缝相对发育的区带，游离气含量相对发育（张金川等，2008a）。除此之外，只有少量的天然气以溶解态赋存于干酪根、沥青、液态烃及微量地层水中。虽然溶解气总量不足页岩地层总含气量的1%，但溶解气对页岩气成因特点、机理分析、历史恢复及预测研究具有重要的理论意义（张金川等，2009）。

页岩的含气量及含气特点是页岩气地质研究中的核心基础及关键内容。含气量是页岩含气属性的一部分，指地下原始条件下单位质量或体积页岩地层中的含气总量（简称含气量，也称含气率）；除含气量以外，页岩的含气特点还主要包括含气地质条件、含气饱和度、页岩地层中所含天然气的构成及构成特点（如表示吸附气总量与游离气总量之比值的吸游比等）、主要影响因素及地质变化规律等。在页岩气研究过程中，含气量及含气特点是页岩气勘探开发评价的核心内容，因为它不仅是页岩气研究的基本内容，而且也是页岩气选区、储集性能评价的重要方法和手段，是页岩气资源分析和勘探开发经济价值分析的基本依据。

在勘探分析和开发研究过程中，如果溶解气因其数量不足而不予考虑，那么页岩地层中的吸附气与游离气之和（含气量）、吸附气与游离气的比值（吸游比）在很大程度上代表了页岩的含气属性。页岩的含气特点变化复杂且受控于多种地质参数，影响了页岩气的资源丰度及其相应的开发技术，决定了页岩气的资源特点和开发前景，是页岩研究的核心内容。页岩含气量的获取方法有直接法和间接法两种，直接法是目前最常用的方法，主要有美国联邦矿物局直接法（USBM 直接法）、改进的直接法、史密斯-威廉斯法和曲线拟合法（刘洪林等，2010）等。直接法主要通过解吸实验测量页岩含气量。间接法则是通过等温吸附实验或者测井计算等手段间接地推算页岩含气量。值得注意的是，吸附机理是低压（6.9MPa/100psi[①]）条件下储存天然气非常有效的方式，压力升高，吸附气所占比例降低（Crovelli，2000）。目前由于页岩含气分析理论及含气量测试方法和手段并不是很成熟，页岩含气量的准确求取仍是困扰页岩气勘探开发的重要问题，亟待剖析研究和解决。

Mavor（2003）认为，饱含于非常规页岩储层中的天然气可以以吸附态存在于微孔隙和中等孔隙之中，也可以压缩状态存在于大孔隙和天然裂缝之中，据此可将页岩气划分为吸附型、孔隙型和裂缝型。页岩气集源、储、盖于一体（Montgomery et al.，2005），从页岩气的复合聚集特点出发，可将页岩气划分为高热成熟、低热成熟、复杂岩性互层、高熟生低熟储、页岩-常规储层气混合型 5 种类型（Jarvie et al.，2007），而不同类型的含气量及吸游比均有各自的变化特点。

影响页岩含气量及含气特点的因素较多，Curtis（2002）曾将页岩气划分为生物、生物-低熟混合、低熟、成熟和高熟等类型并试图研究其含气特点。聂海宽等（2009）则将页岩气富集模式概括为前陆盆地型和克拉通盆地型两种。前者页岩气埋藏较深、地层压力较高、有机质成熟度较高，具有高含气饱和度、低吸附气含量比等特点；后者则埋藏较浅、有机质成熟度和地层压力较低，具有低含气饱和度、高吸附气含量比等特点。张金川等（2009）将页岩气划分为直接型（干酪根直接生成天然气）、过渡型和间接型（原油裂解气）3 种，分别对应Ⅲ型、Ⅱ型和Ⅰ型干酪根，受控于陆相、海陆过渡相和海相沉积，对应不同的页岩含气量及含气特点。

1.2　富有机质页岩沉积类型与分区

我国地质构造具有多块体、多旋回、多层次特征，受复杂地质背景和多阶段演化过程的影响，我国富有机质页岩发育 3 种沉积类型，平面上可划分为五大区，垂向上发育 10 套页岩气潜力层系，目前已在主要层系中获得了页岩气发现，初步证实了我国的页岩气资源潜力。

---

① 1psi=0.155cm^{-2}。

1.2.1 3 种沉积类型

从早古生代到新生代地质时期，中国连续形成了从海相、海陆过渡相到湖相等多种沉积环境下的多套页岩层系（李景明等，2006；金之钧和蔡立国，2007；贾承造等，2007）（表 1-1）。

表 1-1 我国富有机质页岩类型和特点

页岩类型	海相页岩	海陆过渡相页岩	陆相页岩
沉积相	深海、半深海、浅海等	潮坪、潟湖、沼泽等	深湖、半深湖、浅湖等
主要地层	下古生界—上古生界	上古生界，部分地区中生界	中生界—新生界
分布及岩性组合特点	单层厚度大，分布稳定，可夹海相砂质岩、碳酸盐岩等	单层较薄，累计厚度大，常与砂岩、煤系等其他岩性互层	累计厚度大、侧向变化较快，主要分布在拗陷和断陷沉积中心，常夹薄层砂质岩
主体分布区域	南方、西北	华北、西北、南方	华北、东北、西北、西南
干酪根类型	I、II型为主	II、III型为主	I、II、III型

海相富有机质页岩主要发育在南方和西部古生界的寒武系、奥陶系、志留系和泥盆系，具有分布面积广、沉积厚度稳定、热演化程度高等特点，以扬子克拉通地区最为典型。另外，青藏地区古生界和中生界海相页岩发育，热演化程度适中。

海陆过渡相富有机质页岩分布广泛、有机质类型复杂、热演化程度适中。北方地区石炭系—二叠系富有机质页岩的单层厚度较薄，且含多套煤层，其中沼泽相碳质页岩有机碳含量普遍较高，有机质类型主要为混合型-腐殖型。南方地区海陆过渡相富有机质页岩夹煤层，上二叠统页岩在滇黔桂地区、四川盆地及其外围均有分布。

从晚古生代开始，我国陆续开始发育陆相页岩。尤其是在中—新生代时期，我国北方地区普遍发育陆相富有机质页岩，如鄂尔多斯盆地、松辽盆地等中生界，准噶尔盆地二叠系，渤海湾盆地古近系等。四川盆地及周缘的上三叠统—下侏罗统，陆相页岩分布广、厚度大、有机质类型复杂、热演化程度适中。总体上，陆相富有机质页岩的地层时代较新、热演化程度普遍不高，局部地区以页岩油为主。

1.2.2 五大分区

我国页岩层系、分布、类型及地层组合特征分区特征明显（图 1-1）。

下古生界富有机质泥页岩以海相沉积为主，主要发育在南方和西部地区的寒武系、奥陶系及志留系，其中上扬子及滇黔桂区海相页岩分布面积广、厚度稳定、有机碳含量高、热演化程度高；上古生界富有机质泥页岩以海陆过渡相沉积为主，石炭系—二叠系

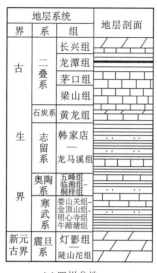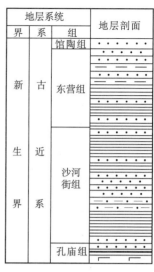

地层系统			地层剖面
界	系	组	
古	二叠系	长兴组	
		龙潭组	
		茅口组	
		梁山组	
	石炭系	黄龙组	
生	志留系	韩家店—龙马溪组	
	奥陶系	五峰组临湘组-桐梓组	
界	寒武系	娄山关组-金顶山组、明心寺组牛蹄塘组	
新元古界	震旦系	灯影组—陡山沱组	

(a) 四川盆地

地层系统			地层剖面
界	系	组	
中	白垩系		
	侏罗系	喀拉扎组	
		齐古组	
		七克台组	
		三间房组	
生		西山窑组	
		三工河组	
界		八道湾组	
	三叠系		

(b) 吐哈盆地

地层系统			地层剖面
界	系	组	
新	古	馆陶组	
		东营组	
生	近	沙河街组	
界	系	孔庙组	

(c) 渤海湾盆地

图例 ▭ 粉砂岩 ▭ 含砾砂岩 ▱ 白云岩 ▭ 页岩 ▦ 灰岩 ▭ 玄武岩 ▭ 细粉砂岩 ▰ 煤层

图 1-1 典型盆地富有机质页岩柱状图

富有机质页岩分布广泛,在鄂尔多斯盆地、南华北和滇黔桂地区最为发育,页岩单层厚度较小,常与砂岩、煤层等其他岩性频繁互层;中—新生界富有机质泥页岩以陆相沉积为主,主要分布在北方的鄂尔多斯盆地、渤海湾盆地、松辽盆地、塔里木盆地、准噶尔盆地等和南方的四川盆地部分地区,表现为巨厚的泥页岩层系,泥页岩与砂质薄层韵律发育,具有单层厚度薄、夹层数量多、累计厚度大、侧向变化快、热演化程度普遍不高等特点。

依据页岩发育地质基础、区域构造特点、页岩气富集背景及地表开发条件,可将我国的页岩气分布区域划分为上扬子及滇黔桂区、中下扬子及东南区、华北及东北区、西北区、青藏区五大分区,各区页岩气地质条件和特点差异明显(表 1-2)。

表 1-2 中国页岩分区特征表(青藏区除外,据李玉喜等,2009,修改)

地区	主要单元	潜力层系	地质特点
上扬子及滇黔桂区	四川盆地及周缘、南盘江拗陷、黔南拗陷、桂中拗陷、十万大山盆地、百色-南宁盆地、六盘水断拗、楚雄盆地、西昌盆地等	下寒武统、下志留统、中—下泥盆统、下石炭统、上二叠统、三叠系、侏罗系	海相页岩厚度大、分布稳定、有机碳含量高、热演化程度高、后期构造作用强;上古生界围绕下古生界出露区呈环形分布,单层厚度较小,煤系地层发育;中生界分布于四川盆地等,页岩累计厚度大,夹层发育
中下扬子及东南区	湘鄂下古生界、湘中上古生界、江汉盆地、洞庭盆地、苏北盆地、皖浙地区、赣西北地区、萍乐拗陷、永梅拗陷等	寒武系、奥陶系、泥盆系、石炭系、二叠系、三叠系、古近系	中下扬子古生界构造变动复杂,后期改造强烈;上古生界页岩分布范围略小,东南地块岩浆热液活动频繁,保存条件较差

地区	主要单元	潜力层系	地质特点
华北及东北区	松辽盆地及其外围、渤海湾盆地及其外围、沁水盆地、大同、宁武盆地、鄂尔多斯盆地及其外围地区、南襄盆地及南华北地区	奥陶系、石炭系、二叠系、三叠系、白垩系、古近系	上古生界页岩单层厚度较薄，累计厚度大，与砂岩互层；中生界陆相页岩分布广，厚度稳定，处于湿气阶段；新生界页岩累计厚度大，热演化程度较低，主体处于低熟-成熟生油气阶段
西北区	塔里木盆地、准噶尔盆地、柴达木盆地、吐哈盆地、三塘湖盆地、酒泉盆地及中小型盆地	奥陶系、寒武系、石炭系、二叠系、三叠系、侏罗系、白垩系及古近系	下古生界主要分布在塔里木盆地台盆区，总体埋深较大，仅盆地边缘埋深较浅的区域可成为勘探开发有利区；上古生界页岩分布较广，但单层厚度较小；中生界以高有机碳含量为主要特征，成熟度较低，累计厚度大，常夹有煤层

1.3　10 套潜力层系

中国页岩气资源潜力层系主要包括下古生界寒武系、奥陶系、志留系，上古生界泥盆系、石炭系、二叠系，中生界三叠系、侏罗系和白垩系，新生界古近系，共 10 个层系（表 1-3）。

表 1-3　中国 10 套主要富有机质页岩层系基本特点

含页岩层系	主体分布区域	沉积相类型	黑色泥页岩厚度/m	有机质类型	TOC/%	R_o/%
古近系	渤海湾盆地	陆相	>1000	类型多样	0.3～3.0	0.5～1.5
白垩系	松辽盆地	陆相	100～300	腐泥型-混合型	0.7～2.5	0.7～2.0
侏罗系	吐哈盆地、准噶尔盆地	陆相	50～600	混合型	0.2～6.4	0.4～2.5
三叠系	鄂尔多斯盆地	陆相	50～120	混合型	0.5～6.0	0.7～1.5
二叠系	滇黔桂地区、四川盆地及其外围	海陆过渡相	10～125	腐殖型	0.5～12.5	1.0～3.0
	准噶尔盆地	海陆过渡相	>200	偏腐泥混合型	4.0～10.0	0.5～1.0
石炭系	北方地区	海陆过渡相	60～200	混合型-腐殖型	0.5～10.0	0.5～3.0
泥盆系	黔南、桂中等地区	海陆过渡相	50～600	混合型	0.3～5.7	1.5～2.5
志留系 奥陶系	上扬子地区	海相	30～100	腐泥型	1.0～5.0	2.0～3.5
寒武系	上扬子地区	海相	30～80	腐泥型	1.0～6.0	2.0～4.0
	中下扬子地区	海相	50～200	腐泥型	0.5～6.0	2.0～3.5

1. 下古生界海相富有机质页岩

下古生界海相富有机质页岩主要发育在南方和西部古生界的寒武系、奥陶系、志留系和泥盆系，具有分布面积广、沉积厚度稳定、热演化程度高等特点，以扬子克拉通地区最为典型。另外，青藏地区古生界和中生界海相页岩发育，热演化程度适中。

下寒武统海相富有机质页岩在上扬子地区发育较好，有机质类型为腐泥型。从区域沉积环境看，川东-鄂西、川南及湘黔 3 个深水陆棚区页岩最发育，有机碳含量高，一般为 2%～8%。在上扬子地区，富有机质页岩厚度一般为 30～80m，有机碳含量在 1.0%～6.0%，有机质类型为腐泥型，热演化参数镜质组反射率（R_o）主体介于 2.0%～4.0%；在中下扬子地区，有机碳含量相对降低，有机质类型为腐泥型，R_o 一般为 2.0%～3.5%。

下志留统海相富有机质页岩主要分布在上扬子地区，川南至鄂西渝东和渝东北地区分布稳定，厚度为 30～100m，有机质类型以腐泥型为主，有机碳含量一般在 1%～5%，R_o 介于 2.0%～3.5%。其他地区分布发育差。

2. 上古生界海陆过渡相富有机质页岩

上古生界海陆过渡相富有机质页岩分布广泛，有机质类型复杂、热演化程度适中，但南北略有差异。其中，北方地区石炭系富有机质页岩的单层厚度较薄，且含多套煤层。有机碳含量一般介于 0.5%～10%，变化较大。其中沼泽相碳质页岩有机碳含量普遍较高。页岩的有机质类型主要为混合型-腐殖型，R_o 一般介于 0.5%～3.0%，少部分超过 3.0%。

南方地区海陆过渡相富有机质页岩发育间夹煤层，上二叠统页岩在滇黔桂地区、四川盆地及其外围均有分布。页岩厚度变化介于 10～125m，一般为 20～60m，有机质类型以腐殖型为主，有机碳含量介于 0.5%～12.5%，平均为 2.91%，R_o 一般介于 1.0%～3.0%。

总体上，中国上古生界海陆过渡相富有机质页岩，除上扬子及滇黔桂地区之外，其他地区单层厚度不大，且多与煤、致密砂岩互层。

3. 中-新生界陆相富有机质页岩

从晚古生代开始，中国陆续开始发育陆相页岩。尤其在中-新生代时期，中国北方地区普遍发育了陆相富有机质页岩，如鄂尔多斯盆地、松辽盆地等中生界，准噶尔盆地二叠系，渤海湾盆地古近系等。

在准噶尔盆地，二叠系页岩累计厚度超过 200m，有机碳含量为 4.0%～10.0%，有机质类型为偏腐泥混合型，R_o 介于 0.5%～1.0%。鄂尔多斯盆地三叠系陆相页岩发育，一般厚度在 50～120m，有机碳含量介于 0.5%～6.0%，R_o 主要介于 0.7%～1.5%。松辽盆地白垩系富有机质页岩分布稳定，厚度为 100～300m，有机质以腐泥型-混合型为主，有机碳含量介于 0.7%～2.5%，R_o 介于 0.7%～2.0%。在渤海湾盆地，古近系富有机质页岩分布受拗陷控制，局部累计厚度超过 1000m，有机质类型多样，但热演化程度相对较低。

四川盆地及周缘的上三叠统—下侏罗统，富有机质页岩分布广、厚度大、有机质类型复杂、热演化程度适中。

1.4 页岩气勘探发现

中国地质大学（北京）是国内最早进行页岩气理论研究的单位，2004 年与国土资源部油气资源战略研究中心共同开始跟踪调研国外页岩气研究和勘探开发进展；2009 年，启动"中国重点地区页岩气资源潜力及有利区优选"项目，2009 年 11 月在重庆市彭水苗族土家自治县（简称彭水）实施了中国第一口页岩气资源战略调查井——渝页 1 井，首次发现页岩气存在的直接证据。中国石油化工集团有限公司（简称中石化）、中国石油天然气集团有限公司（简称中石油）、中国地质调查局油气资源调查中心、陕西延长石油（集团）有限责任公司（简称延长石油）、中国海洋石油集团有限公司（简称中海油）等多个单位都先后开展了大量的页岩气理论研究和勘探工作，获得许多页岩气的重大发现和突破。截至 2016 年底，中国重要页岩气探井主要集中于上扬子及滇黔桂区、中下扬子及东南区、华北及东北区和西北区。

1.4.1 南方地区

1. 上扬子及滇黔桂区

上扬子及滇黔桂区是中国开展页岩气勘探、获得页岩气发现、取得页岩气成果最早且最多的地区。其中在 2009~2012 年，国土资源部油气资源战略研究中心与中国地质大学（北京）合作，先后针对下志留统龙马溪组、下寒武统牛蹄塘组、上震旦统陡山沱组等地层完成了一系列页岩气地质调查井，获得了一系列页岩气发现（表 1-4）。其中，渝页 1 井完钻井深 324.8m，累计揭示下志留统龙马溪组页岩厚度为 225.78m（未穿），现场测试含气量可达 $1.5m^3/t$。随后，中石油在四川盆地威远地区钻探了威 201 井，在龙马溪组压裂测试中获得峰值产量 2.1 万 m^3/d，稳定产量 5000~$6000m^3/d$。中石化同样在涪陵地区焦页 1HF 井（渝页 1 井正西 35km）龙马溪组压裂测试获得高产工业气流，测试稳定产量在 11 万 m^3/d，最高产量达 20.3 万 m^3/d。截至 2015 年底，重庆涪陵页岩气田探明含气面积 $383.54km^2$，提交页岩气探明地质储量 3805.98 亿 m^3。此外，位于川南、川东南地区的阳深 2 井、阳 9 井、阳 63 井、太 15 井、丁山 1 井、林 1 井、隆 32 井及位于黔北的安页 1 井等，均在龙马溪组发现了气测异常，其中阳 63 井 3505.0~3518.5m 黑色页岩段酸化后，产气量达 $3500m^3/d$，隆 32 井 3164.2~3175.2m 黑色碳质页岩段初产气量达 $1948m^3/d$。

表1-4 中国页岩气早期探井

钻井名称	开钻时间	地区	目的层位	现场解析页岩含气量
渝页1井	2009.11.20	重庆市彭水县	五峰组—龙马溪组	1.0~3.0m³/t
松浅1井	2010.11	贵州省松桃县	牛蹄塘组	含气量低
岑页1井	2011.4.13	贵州省岑巩县	牛蹄塘组	0.5~2.5m³/t，平均为1.16m³/t
渝科1井	2011.6.25	重庆市酉阳县	陡山沱组	含气量低
酉科1井	2011.9	重庆市酉阳县	牛蹄塘组	1.5~4.56m³/t
常页1井	2012.9	湖南省常德市	牛蹄塘组	0.5~2.1m³/t
仁页1井	2012.12.3	贵州省仁怀市	牛蹄塘组	含气量低
习页1井	2012.12.5	贵州省习水县	五峰组—龙马溪组	0.05~3.06m³/t，平均为1.88m³/t
永页1井	2014.11	湖南省永顺县	龙马溪组	含气量低
西页1井	2013.1	贵州省黔西县	龙潭组	1.24~9.42m³/t，平均为6.65m³/t

除龙马溪组以外，在下寒武统牛蹄塘组页岩中同样获得大量页岩气发现。其中，岑页1井、酉科1井等页岩气调查井现场解吸和测井解释均揭示下寒武统页岩层段含气，且含气量可达1.5~4.56m³/t。中石化在贵州黄平区块钻探的黄页1井于下寒武统九门冲组钻遇厚约150m的暗色页岩，见到了较好的气测显示。此外，天星1井、秀页1井、保页2井、镇地1井、高科1井、方深1井等均不同程度地见到了气流或气测显示。中石油在威远地区的威5井、威9井、威18井、威22井和威28井等的下寒武统页岩中还见到了不同程度的气浸、井涌和井喷等现象，其中威5井在2795~2798m页岩段发生气浸与井喷，测试日产气2.46万m³，酸化后日产气1.35万m³。此外，中石化在川西南地区钻探的金页1井目前已在下寒武统页岩中获高产页岩气流，压裂后日产气8万m³，并且该井在震旦系页岩层系中也获得了天然气发现，气测全烃可达55%以上。

除了志留系及寒武系页岩之外，该区还在震旦系、泥盆系、石炭系、二叠系及侏罗系页岩层系中获得了页岩气发现。其中，丹页2井在泥盆系页岩段见良好页岩气显示，常规油气井也见到了含气显示；而位于黔西地区的西页1井、方页1井在二叠系海陆过渡相页岩中见到了良好的页岩气显示，其中西页1井含气量主体在1.24~9.42m³/t，平均值为6.65m³/t。此外，四川盆地建南构造建111井下侏罗统自流井组东岳庙段页岩经测试获日产近4000m³工业气流；元坝地区自流井组大安寨段和东岳庙段页岩测试压裂分别获日产13.97万~23.78万m³的工业气流和1.15万m³的低产气流；涪陵大安寨地区涪页HF1井针对下侏罗统自流井组大安寨段页岩气层段完成十段压裂，水平段长1136.75m，水平段油气显示良好。

2. 中下扬子及东南区

目前，该区页岩气钻井比上扬子及滇黔桂区少，主要钻探目的层位为震旦系、寒武系、志留系及二叠系页岩地层。其中，位于鄂西北地区的秭地1井揭示上震旦统陡山沱组和下寒武统牛蹄塘组两套含气页岩层段,其中陡山沱组和牛蹄塘组页岩厚度均超过 100m,含气量可达 1.4m³/t,现场点火试验获得成功。此外,位于鄂西南地区的宜地 2 井在钻遇下寒武统页岩地层后发生井喷,喷出气体可燃,经现场测试其页岩含气量可达 1.5m³/t。湘西北地区常页 1 井测得牛蹄塘组含气量为 2.1m³/t,慈页 1 井页岩岩心现场解吸气中甲烷成分较高,点火试验成功。

除上震旦统和下寒武统页岩层系外,保靖区块保参 1 井在龙马溪组获得良好的气测显示,在 949.2~961.7m 取心时,钻遇的黑色页岩具有明显气泡;在井深 1100.2~1117.9m 取心时,连续 17.7m 的黑色页岩中见到了良好气显。此外,保靖区块保页 1 井及来凤-咸丰区块的来地 1 井下志留统龙马溪组页岩中均见到了良好的含气显示,其中来地 1 井现场解析含气量最高可达 2m³/t。此外,位于湘中拗陷的湘页 1 井和位于安徽省宁国市港口镇的港地 1 井在二叠系海陆过渡相页岩层段中均获得了重大突破,其中湘页 1 井进行压裂改造后,试气点火成功。

1.4.2　华北及东北区

与南方以下古生界海相页岩发育为主不同的是,华北及东北区主要发育上古生界海陆过渡相和中—新生界陆相页岩气,部分区域还可见震旦系页岩,如位于辽西地区的韩 1 井在下马岭组、洪水庄组页岩层系中见到良好的含气显示。

在石炭系—二叠系页岩层段中,位于沁水盆地的沁 1 井、沁 2 井、沁 4 井、畅 1 井、老 1 井、阳 2 井 6 口井的 12 个井段气测显示异常,并且老 1 井、畅 1 井气测异常明显。而位于南华北盆地北部地区的尉参 1 井石炭系—二叠系太原组—山西组页岩含气量为 0.2~2.86m³/t,牟页 1 井太原组—山西组页岩含气量为 0.4~4.3m³/t,郑西页 1 井太原组—山西组页岩含气量为 0.5~3.83m³/t。

此外,鄂尔多斯盆地三叠系延长组页岩在钻井过程中气测异常活跃,柳评 171 井、柳评 177 井、柳评 179 井、新 57 井、新 59 井、延页 1 井等日产量均在 2000m³ 以上,而富 18 井、庄 167 井、庄 171 井等在长 7、长 8 段页岩段出现明显的气测异常。

在白垩系页岩层系中,松辽盆地徐深 1 井、河山 1 井在下白垩统沙河子组气测显示良好,梨 3 井、梨 5 井、十屋 37 井、十屋 202 井在营城组获得气显,苏 2 井营城组含气量最高达 4.64m³/t。而在古近系页岩层系中,渤海湾盆地的辽河拗陷(曙古 165 井)、济阳拗陷(渤页平 1 井)、东濮拗陷、南襄盆地的泌阳凹陷、江汉盆地、苏北盆地中均见到了较好的页岩油气显示。

1.4.3　西北区

相较于中国其他地区而言,西北区页岩气发现及突破较少。2015 年,中石化为摸清孔雀河地区页岩气资源潜力，部署实施了塔里木盆地的第一口以下古生界页岩为目的层系的页岩气探井——孔深1井。此外，位于吐哈盆地北缘的朗页1井以中二叠统塔尔朗组为勘探目的层，以揭示吐哈盆地北缘二叠系页岩的发育特征，填补区域勘探空白。

在侏罗系地层中，位于柴达木盆地的柴页1井在侏罗系大煤沟组发现3套含气页岩层段。而位于准噶尔盆地的伦6井在下侏罗统八道湾组页岩中获得较高的气测值，总烃含量在0.20%~1.00%。

第 2 章

页岩形成地质背景

中国上扬子地区是指南秦岭南缘断裂（米仓山前陆褶皱-冲断带和南大巴山前陆褶皱-冲断带）以南、龙门山断裂系以东、垭都—紫云—罗甸断裂以北及雪峰山（陆内）前陆褶皱-冲断带以西的广大地区，面积约 $2.6 \times 10^5 km^2$，其中川渝黔鄂是我国海相地层油气勘探的主要地区，尤其是四川盆地，是我国天然气探明储量、产量和气田发现数量最多的盆地（戴金星等，2001；李德生，2005）。板块构造背景，应力作用的方位、方式及强烈程度的不同，致使川渝黔鄂地区周缘山系的隆升期次及影响范围、变形样式与构造线展布均有较大差异（汪新伟等，2010），使得该区形成了复杂的构造特征，油气勘探工作难度大，是一个高难度、高复杂性和高风险的勘探区域。为了便于对研究区页岩气成藏条件进行分析，根据川渝黔鄂地区平面上的区块构造特征，并考虑纵向上下古生界地层发育及其相互组合关系，将研究区划分为川南低缓构造区、滇东—黔北高陡构造区、渝东南—湘西高陡构造区、川东—鄂西高陡构造区、川北低缓构造区、川西低缓构造区、川西南低缓构造区和川中低平构造区 8 个页岩气成藏区域（图 2-1），纵向上主要划分为下寒武统牛蹄塘组和上奥陶统五峰组—下志留统龙马溪组两个主要层系。

2.1 地层发育特征

有效页岩的厚度、埋深和分布面积控制着页岩气的经济效益，因此根据页岩的厚度及展布范围可以判断页岩气聚集的边界和资源潜力。

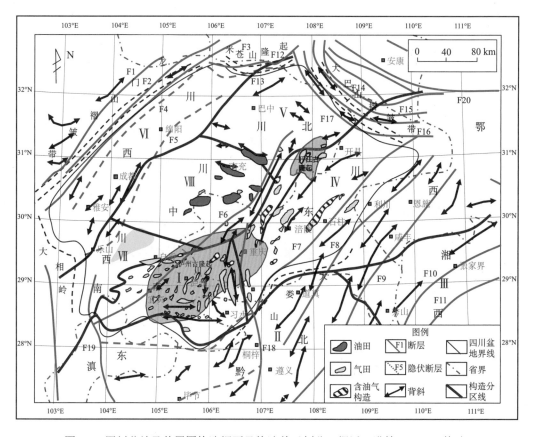

图 2-1　四川盆地及其周围构造纲要及构造单元划分（据沃玉进等，2009，修改）

Ⅰ.川南低缓构造区；Ⅱ.滇东—黔北高陡构造区；Ⅲ.渝东南—湘西高陡构造区；Ⅳ.川东—鄂西高陡构造区；Ⅴ.川北低缓构造区；Ⅵ.川西低缓构造区；Ⅶ.川西南低缓构造区；Ⅷ.川中低平构造区；F1.青川—茂汶断层；F2.北川—映秀断层；F3.安县—灌县断层；F4.广元—大邑断裂；F5.龙泉山断层；F6.华蓥山断层；F7.齐岳山断层；F8.建始—彭水断层；F9.来凤—假浪口断层；F10.慈利—大庸—保靖断层；F11.桃源—辰溪—怀化断层；F12.正源—朱家坝断层；F13.米仓山南缘隐伏断层；F14.城口—钟宝断层；F15.镇巴断层；F16.万源—巫溪断层；F17.铁溪—固军隐伏断层；F18.遵义—贵阳断层；F19.垭都—紫云断层；F20.襄樊—广济断层

　　川渝黔鄂在裂陷盆地的基础上，发育完整的震旦纪—侏罗纪沉积序列（表 2-1），盆地的沉积构造演化主要经历了震旦纪—中寒武世的克拉通及其边缘裂陷、晚寒武世—早奥陶世的台地建设、中晚奥陶世—志留纪隆后盆地局限陆棚、泥盆纪—石炭纪隆起、二叠纪—早中三叠纪碳酸盐岩台地、晚三叠世—侏罗纪前陆盆地与陆内拗陷盆地等阶段，控制震旦纪—侏罗纪不同时代地层的分布，在克拉通裂陷、镶边台地、局限陆架和克拉通内浅海陆架等阶段发育了下震旦统陡山沱组、下寒武统牛蹄塘组、上奥陶统五峰组—下志留统龙马溪组、上二叠统龙潭组、上三叠统须家河组和下侏罗统自流井组 6 套较好的富有机质页岩层位。据近年来广泛的地表露头地质调查和钻井地层复查，认为川渝黔鄂地区下古生界下寒武统牛蹄塘组、上奥陶统五峰组—下志留统龙马溪组两套黑色富有机质页岩区域分布稳定、厚度大、埋深适中，具有与美国东部地区典型页岩气盆地相似的地质条件、构造演化特点和岩性基本特征，将是我国未来页岩气勘探开发的新领域。因此，本书主要对这两套黑色富有机质页岩进行研究。

表 2-1　川渝黔鄂地区震旦纪－侏罗纪地层简表

界	系	统	组	地层代号	简要岩性	备注
中生界	侏罗系	中上统				
		下统	自流井组	J₁zl	深灰、灰黑色泥页岩、碳质泥页岩夹煤，夹介壳灰岩和生物碎屑灰岩	
			珍珠冲组	J₁z	紫红色、灰绿色、黄灰色等杂色泥岩、砂质泥岩夹少量浅灰色、黄灰色薄-中厚层状细-中粒石英砂岩及石英粉砂岩、粉砂岩、页岩	
	三叠系	上统	须家河组	T₃x	分为6段，一、三、五段为黑色泥岩、碳质泥岩夹煤	部分地区相变为香溪组
		中统	巴东组	T₂b	灰色薄-厚层状灰岩、白云岩夹盐溶角砾岩及砂质泥岩，含石膏、岩盐	部分地区相变为雷口坡组
		下统	嘉陵江组	T₁j	灰色-浅灰色薄-中厚层状灰岩、生物碎屑灰岩，夹白云质灰岩	
			飞仙关组	T₁f	以紫灰、紫红色页岩为主夹少量泥质、介屑灰岩	
古生界	二叠系	上统	长兴组	P₃c	下部为灰、深灰色厚层状灰岩、骨屑灰岩夹少量黑色钙质页岩；中、上部为灰色、灰白色中厚层含燧石结核、条带灰岩与白云质灰岩	部分地区相变为吴家坪组和大隆组
			龙潭组	P₃l	灰黑、黑色碳质、砂质泥页岩夹煤，夹粉细砂岩，局部地区夹硅质石灰岩	
		中统	茅口组	P₂m	下部为深灰色厚层状生物碎屑灰岩、有机质灰岩；中部为灰-浅灰色厚层状灰岩、生物碎屑灰岩、含燧石结核灰岩；上部为灰色厚层状灰岩，顶含燧石结核或薄层硅质岩	
			栖霞组	P₂q	深灰色、灰色厚层状灰岩、生物碎屑灰岩，含遂石团块	
		下统	梁山组	P₁l	底部为灰绿色鲕状绿泥石铁矿透镜体及黏土岩；中部为白灰-深灰色含高岭石水云母黏土岩或铝土岩；上部为灰黑色碳质页岩夹煤线，含黄铁矿	
	泥盆/石炭系					区内绝大部分缺失
		中上统				局部分布
	志留系	下统	韩家店组	S₁h	灰绿、灰黄色页岩，粉砂质页岩夹粉砂岩，生物灰岩透镜体	局部含富有机质页岩
			石牛栏组	S₁s	深灰、黑灰色泥页岩、含粉砂质泥岩夹薄层生物屑灰岩、泥质粉砂岩、砂质泥岩、瘤状灰岩及钙质泥岩。探测区南缘为灰岩相区	
			龙马溪组	S₁lm	上部为深灰色泥岩夹粉砂质泥页岩；下部为黑色页岩，富含笔石	
	奥陶系	上统	五峰组	O₃w	黑色含硅质灰质页岩，顶常见深灰色泥灰岩	
			涧草沟组	O₃j	灰、浅灰色瘤状泥灰岩	

续表

界	系	统	组	地层代号	简要岩性	备注
古生界	奥陶系	中统	宝塔组	O_2b	浅灰、灰色含生物碎屑马蹄纹灰岩	
			十字铺组	O_2sh	灰、深灰色含生物碎屑灰岩、泥质灰岩偶夹页岩	
		下统	湄潭组	O_1m	上部为灰、灰绿色页岩,粉砂质页岩夹灰岩;中部为黄绿色粉砂岩与深灰色含泥质灰岩互层;下部为黄绿色页岩,粉砂质页岩夹生物碎屑灰岩透镜体	
			红花园组	O_1h	灰、深灰色生物屑灰岩夹少量页岩、白云质灰岩和砂屑灰岩,普遍含硅质条带(结核)	
			桐梓组	O_1t	上部为灰、灰黄色页岩,深灰色生物屑灰岩、鲕状灰岩;下部为浅灰、灰色白云质灰岩,灰质白云岩、泥质白云岩夹页岩生物屑灰岩、砂屑灰岩及鲕状灰岩	
	寒武系	上统	娄山关群	ϵ_3ls	白云岩,底为细粒石英砂岩夹云质泥岩	
		中统	石冷水组	ϵ_2s	白云岩、含泥质云岩及灰岩夹石膏	
			陡坡寺组	ϵ_2d	含泥石英粉砂岩	
		下统	清虚洞组	ϵ_1q	下段以灰岩为主;上段为白云岩夹泥质云岩	
			金顶山组	ϵ_1j	泥页岩、泥质粉砂岩与粉砂岩夹灰岩	黔北地区相变为杷朗组,含富有机质页岩层段
			明心寺组	ϵ_1m	以泥、砂岩为主,下部有较多的灰岩	
			牛蹄塘组	ϵ_1n	以泥岩、含粉砂质泥岩为主,夹粉砂岩。与梅树村组呈假整合接触	
元古界	震旦系	上统	灯影组	Z_2d	白云岩夹硅质岩	
		下统	陡山沱组	Z_1ds	以泥岩为主,底为白云岩,顶为含胶磷矿结核砂质泥岩	

注:蓝色部分表示发育潜力页岩。

2.1.1 下寒武统

下寒武统牛蹄塘组岩性主要为暗色页岩、黑色碳质页岩、碳硅质页岩、黑色结核状磷块岩、黑色粉砂质页岩和石煤层(图 2-2)。自上而下,页岩页理逐渐发育,颜色由深灰色变为黑色,至底部,由于有机质富集而形成黑色的碳质页岩。整套页岩普遍含砂质或石英粉砂质,局部可见原油裂解后残留的沥青质,有时伴生黄铁矿、菱铁矿结核、重晶石及锰矿等(图 2-3),具有很强的生烃潜力。

川渝黔鄂地区牛蹄塘组黑色页岩具有分布面积广、范围大的特点,除了没有在川中古隆起一带发育之外,在其余地区均广泛分布。主要在川南宜宾、湘西—渝东鄂西形成两个黑色页岩发育中心,在川北—川东北、川东南、黔北—黔中一带黑色页岩也相对发育,总体分布稳定,厚度较大,一般为35~200m,大部分地区厚度大于100m。在川西

图 2-2 黔东北松桃下寒武统筇竹寺组黑色页岩地表露头照片

图 2-3 川渝黔鄂地区下寒武统牛蹄塘组页岩照片

南的资阳—自贡、川南的宜宾—威信、滇东北巧家—镇雄、渝东北巫溪、渝东鄂西的巫溪—利川—恩施—鹤峰一带厚度最大超过 200m，一般超过 100m。黔东北的金沙—江口—松桃一线以南厚度可达 40～140m，且表现为从北向南西方向增厚的趋势。在川北—川东北的南江—镇巴—城口一带厚度大于 80m，川西成都—广元一带厚度小于 20m（图 2-4）。

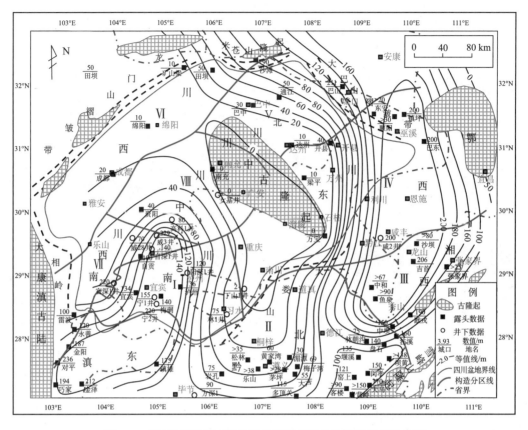

图 2-4　川渝黔鄂地区下寒武统牛蹄塘组黑色页岩厚度等值线图
Ⅰ～Ⅷ代表 8 个页岩气成藏区域，具体见图 2-1

从川渝黔鄂地区东西向和南北向下寒武统牛蹄塘组富有机质黑色页岩对比剖面图来看，川西—川北地区黑色页岩埋藏浅，厚度大，且在区域上总体厚度变化也较大，东部的城口和巴山地区部分黑色页岩已出露地表，厚度较大，黑色页岩段厚度均达到 200m 以上，总体上自东向西埋藏有变深的趋势，厚度明显变薄，田坝地区厚度相对较薄，只有 50m（图 2-5）；川西—川西南—川南—川东鄂西地区黑色页岩发育厚度和埋深变化较大，其中川南的威 15 井附近厚度最大，达 230m，资阳地区资 5 井和泸州东北部阳深 1 井附近厚度次之，均大于等于 100m，渝东的石柱漆辽—湘西龙山沙坝附近厚度在 60～80m，川东南綦江丁山 1 井附近厚度相对较薄，只有 2m，总体上渝东往东大部分地区页岩埋深较浅，而向西埋深变大，其中泸州地区埋深达到最大，约 5000m 以上（图 2-6）；滇东—川西南—黔北—渝东南地区黑色页岩较为发育，厚度较大，大部分地区均达到 150m 以上，其中滇东北的巧家、川南的宫深 1 井—宁 2 井、黔北的堰溪—张家坡—坝黄（含变马冲组黑色页岩）厚度最大，达 194m 及以上，除了川南宫深 1 井附近埋深（4000m 左右）较大外，其他滇东北和黔北地区埋深相对适中（图 2-7）；川北—川中—川西南

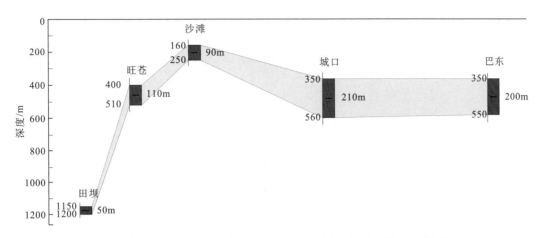

图 2-5　川西—川北地区下寒武统牛蹄塘组富有机质黑色页岩对比剖面图

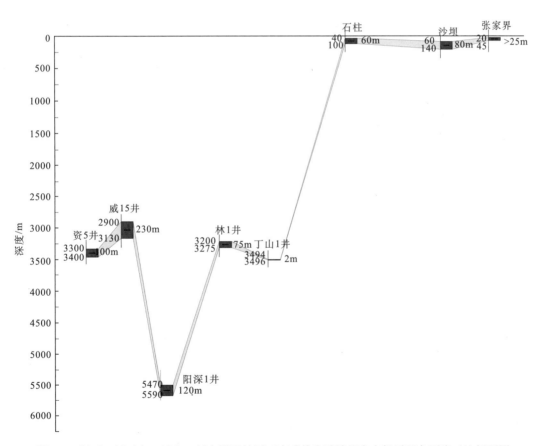

图 2-6　川西—川西南—川南—川东鄂西地区下寒武统牛蹄塘组富有机质黑色页岩对比剖面图

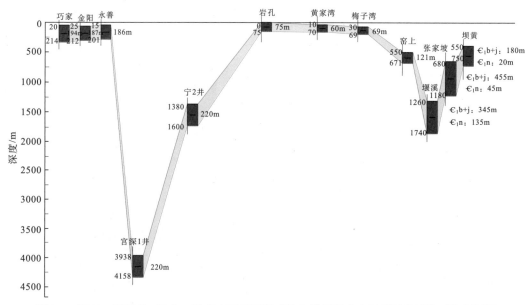

图 2-7　滇东—川西南—黔北—渝东南地区下寒武统牛蹄塘组富有机质黑色页岩对比剖面图

黔北地区除了川中女基井附近地层缺失之外，其他地区黑色页岩均有发育，厚度大都在100m 以上，川中地区页岩埋深相对较大，在 3000～5000m，川北—川西南—黔北地区埋深相对较浅，一般在 2000m 以浅（图 2-8）；川北—川东鄂西—黔北地区黑色页岩埋藏较浅，大部分在 1000m 以浅，部分地区出露地表，厚度也较大，渝东石柱地区厚度为60m，其他川北—川东鄂西—黔北地区厚度均在 150m 以上（图 2-9）。

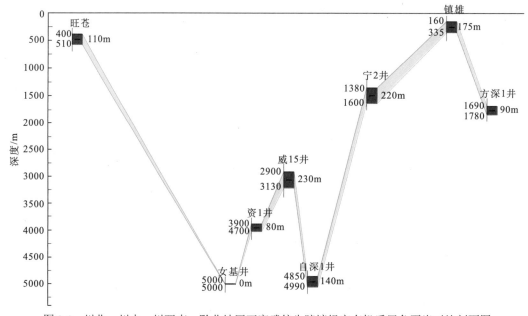

图 2-8　川北—川中—川西南—黔北地区下寒武统牛蹄塘组富有机质黑色页岩对比剖面图

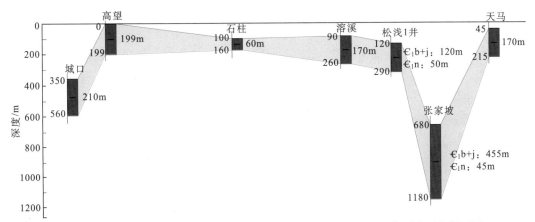

图 2-9　川北—川东鄂西—黔北地区下寒武统牛蹄塘组富有机质黑色页岩对比剖面图

　　川渝黔鄂地区除了川西外，黑色页岩在盆地边缘均有出露剥蚀，其中渝东北、川东南和黔北地区出露面积较大，其余地区大面积深埋地腹，总体上四川盆地内川中地区埋深最大，基本在 4000m 以上；川南—川东南地区埋深在 2000～4500m；滇东—黔北—渝东南—湘西地区埋深适中，大部分在 500～3000m，部分地区埋深近 4000m；川东—鄂西地区东部埋深小，在 1500～3000m，西部埋深大，在 3500～5000m；川北地区埋深在 2000～5000m（图 2-10）。

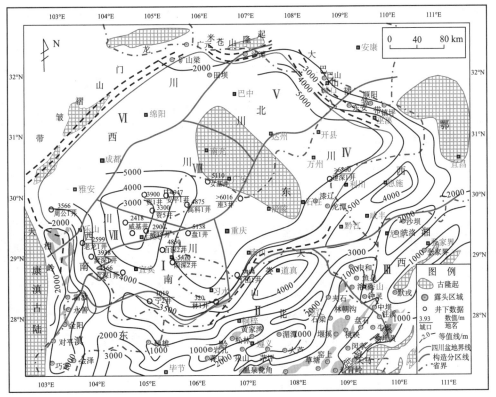

图 2-10　川渝黔鄂地区下寒武统牛蹄塘组黑色页岩埋深预测图

Ⅰ～Ⅷ代表 8 个页岩气成藏区域，具体见图 2-1

2.1.2 上奥陶统—下志留统

上奥陶统五峰组—下志留统龙马溪组页岩岩性主要为灰黑、黑色页岩，硅质页岩，钙质页岩，含粉砂质页岩，碳质页岩及含碳泥质页岩（石煤）（图2-11）。与牛蹄塘组页岩相似，也具有自上而下颜色逐渐加深、砂质钙质减少的变化特征。页岩中也普遍含砂质、粉砂质，底部微含钙质、多含硅质，黄铁矿也较丰富，多呈星散状分布。该套地层以产浮游生物——笔石为特征，其可富集成为黑色笔石页岩（图2-12），局部见放射虫、骨针等硅质生物碎屑，有机质含量普遍较高。

图2-11　川南长宁下志留统龙马溪组黑色页岩地表露头照片

(a) 重庆彭水(粉砂质页岩)　　　(b) 四川华蓥　　　(c) 重庆黔江

(d) 重庆綦江　　　(e) 重庆彭水(笔石页岩)　　　(f) 重庆渝页1井

图2-12　川渝黔鄂地区上奥陶统五峰组—下志留统龙马溪组页岩照片

　　川渝黔鄂地区上奥陶统五峰组—下志留统龙马溪组页岩主要发育在黔中古隆起到雪峰山隆起以北较深水的非补偿性缺氧环境中，除了没有在川中隆起、牛首山—黔中古隆起和雪峰山前陆隆起造山带发育该套黑色页岩之外，其余地区均广泛分布。该套主体呈北东向带状分布，东部和南部地区发育较全，厚度大，一般在 17.2～155.0m，且为连续、稳定、广泛发育。主要形成川南宜宾—长宁—泸州、渝东鄂西石柱—彭水—利川—恩施两个黑色页岩发育中心，大部分地区厚度大于 120m。川东南的綦江—南川—武隆、黔北的道真①—桐梓、渝东北的镇巴—城口—镇坪一带厚度为 60～100m（图 2-13）。

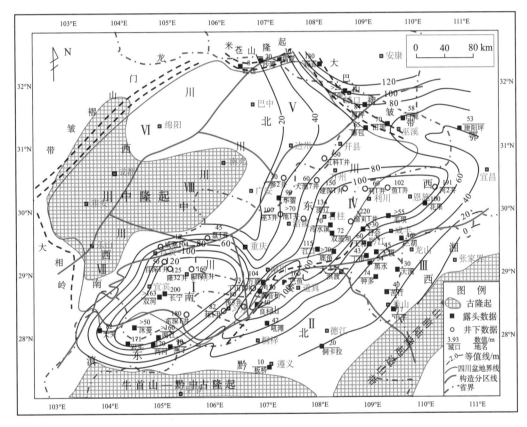

图 2-13　川渝黔鄂地区上奥陶统五峰组—下志留统龙马溪组黑色页岩厚度等值线图

Ⅰ～Ⅷ代表 8 个页岩气成藏区域，具体见图 2-1

　　从川北—川东鄂西地区上奥陶统五峰组—下志留统龙马溪组富有机质黑色页岩对比剖面图来看，川北—渝东北—鄂西地区黑色页岩厚度变化大，川北的旺苍—沙滩和渝东北的万源—寨包一带厚度一般在 8～60m，鄂西的恩施河 2 井附近厚度较大，为 191m，总体页岩埋深浅，除了河页 1 井—河 2 井埋深在 1750～2165m 之外，其他地区埋深较浅，

---

① 全称为道真仡佬族苗族自治县。

一般在 500m 以浅（图 2-14）；川中川东鄂西—渝东南地区上奥陶统五峰组—下志留统龙马溪组黑色页岩埋深和厚度变化大，川东的建深 1 井和渝东的渝页 1 井厚度最大，一般大于 130m，石柱漆辽往西埋深变大，川东的广参 2 井—建深 1 井一带埋深均在 4500m 以上，渝东南地区厚度在 17～220m，埋深较浅，一般在 750 以浅（图 2-15）；川中—渝东南—川东鄂西地区上奥陶统五峰组—下志留统龙马溪组页岩厚度自西向东总体上逐渐变薄，埋深变浅，江口往西地区厚度在 100m 左右，埋深大于 3800m（图 2-16）；川西南—川南—黔北地区上奥陶统五峰组—下志留统龙马溪组页岩厚度变化大，川西的自深 1 井—隆 32 井—阳深 1 井一带厚度大于等于 120m，川南的林 1 井—丁山 1 井附近厚度次之，一般在 80～100m，黔北地区厚度较小，在 10～42m，自东往西整体埋深变大，丁山 1 井埋深为 1403m，往西自深 1 井附近埋深最大，约 3370m（图 2-17）；川北—川中—川西南—滇东地区上奥陶统五峰组—下志留统龙马溪组页岩厚度和埋深变化都很大，总体自北向南厚度先增大后减小，川南的阳深 1 井—宫深 1 井—东深 1 井厚度最大，为 160～200m，川西南地区埋深较大，一般大于 3000m，五科 1 井—广参 2 井附近埋深达到最大，大于 4900m，川北和滇东地区埋深较浅，一般在 500m 以浅（图 2-18）；川北—川东鄂西—川南—黔北地区上奥陶统五峰组—下志留统龙马溪组页岩厚度总体显示中间厚两头薄的变化趋势，渝东的渝页 1 井和黔北的巴鱼附近厚度较大，一般大于 160m，其次是鄂西的鱼 1 井—利 1 井和渝东北的白鹿一带厚度在 58～102m，总体埋深较浅，一般不超过 1000m（图 2-19）。

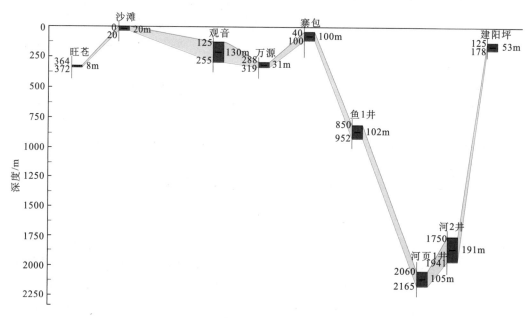

图 2-14　川北—川东鄂西地区上奥陶统五峰组—下志留统龙马溪组
富有机质黑色页岩对比剖面图

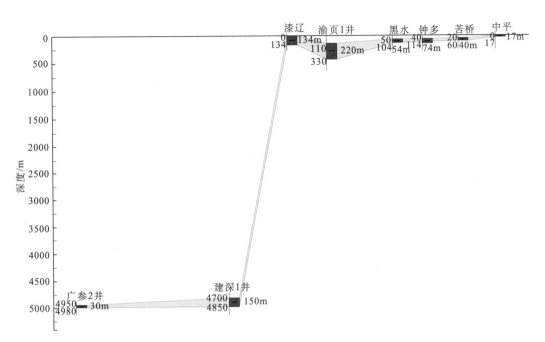

图 2-15　川中川东鄂西—渝东南地区上奥陶统五峰组—下志留统
龙马溪组富有机质黑色页岩对比剖面图

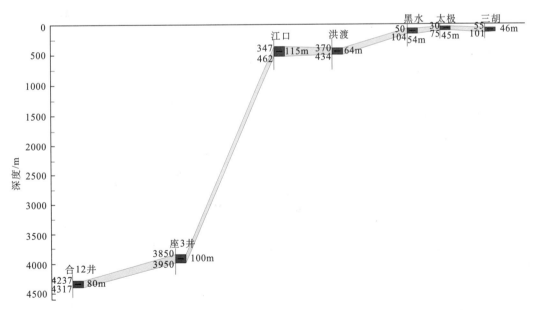

图 2-16　川中—渝东南—川东鄂西地区上奥陶统五峰组—下志留统
龙马溪组富有机质黑色页岩对比剖面图

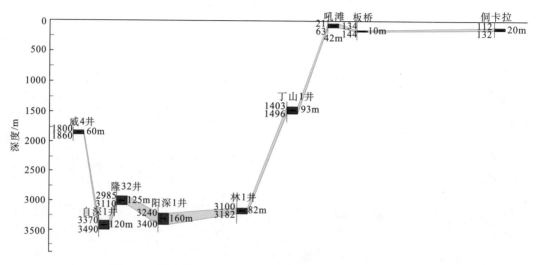

图 2-17 川西南—川南—黔北地区上奥陶统五峰组—下志留统
龙马溪组富有机质黑色页岩对比剖面图

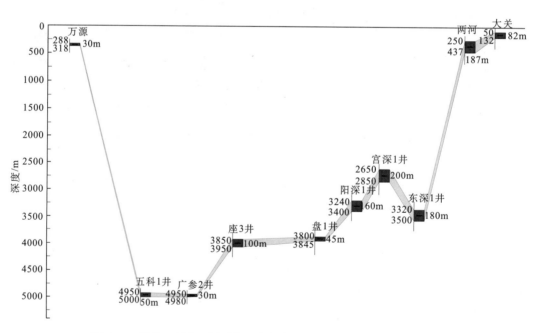

图 2-18 川北—川中—川西南—滇东地区上奥陶统五峰组—下志留统
龙马溪组富有机质黑色页岩对比剖面图

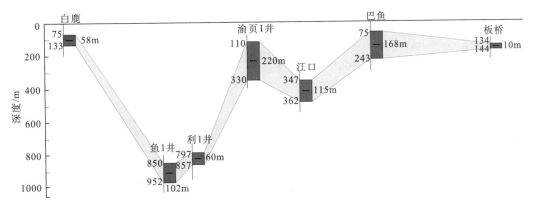

图 2-19　川北—川东鄂西—川南—黔北地区上奥陶统五峰组—下志留统龙马溪组富有机质黑色页岩对比剖面图

　　川渝黔鄂地区除了川西之外,黑色页岩在盆地边缘均有出露剥蚀,同时华蓥山断层也有出露,其中川北、渝东北、渝东南、川南和川东南地区出露面积较大,其余地区大面积深埋地腹,总体上四川盆地内川北南部和川西北部地区埋深最大,基本在 5000m 以上;川东和渝东地区埋深为 3500~4000m,川南—川东南和鄂西地区埋深在 2000~3500m;鄂西地区埋深适中,大部分在 1500~2000m,滇东—黔北—渝东南—渝东北—湘西地区埋深一般较小,在 500~2000m(图 2-20)。

2.2　构造演化

　　四川盆地是一个特提斯构造域内长期发育、不断演进的古生代—中新生代海陆相复杂叠合盆地(刘树根等,2004),在演化过程中先后历经了加里东构造运动、海西构造运动、印支构造运动、燕山构造运动、喜马拉雅构造运动等构造运动的多期次改造,具有早期沉降、晚期隆升、沉降期长、隆升期短的特点(沃玉进,2009)。从震旦系以来经历了克拉通和前陆盆地两个构造演化过程,克拉通盆地阶段又可进一步划分为早古生代及其以前的克拉通内拗陷和晚古生代以后的克拉通裂陷盆地阶段(汪泽成等,2002;魏国齐等,2005;刘树根等,2008)。在克拉通盆地演化阶段,扬子准地台主要处于相对稳定的沉降阶段,大部分是一套巨厚的海相沉积,受到了加里东构造运动和海西构造运动的影响。其中,在早古生代之前,构造运动主要表现为大隆、大拗的地壳升降运动,这种大型隆拗格局控制盆地形成分布面积广、沉积厚度大且以海相碳酸盐岩和页岩等为主的下构造层,构成了盆地内天然气广泛分布的基础。晚三叠世—新生代,印支运动结束了该区的海相沉积历史,研究区普遍褶皱隆升,进入了陆相沉积和陆内改造阶段。四川盆地从克拉通盆地阶段转化为前陆盆地演化阶段。前陆盆地演化阶段过程中,在印支—燕山早期,构造运动除了表现为升降运动外,主要为一套巨厚的海陆交互相沉积,到晚期

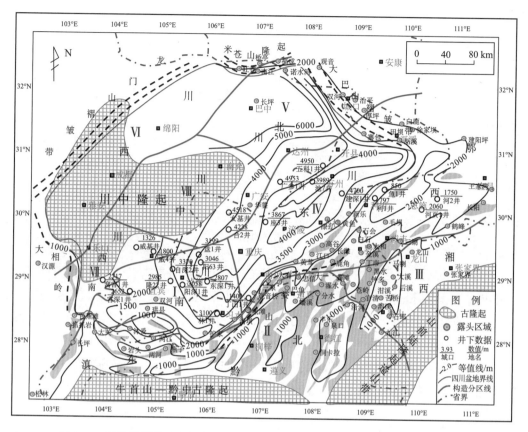

图 2-20　川渝黔鄂地区上奥陶统五峰组—下志留统龙马溪组黑色页岩埋深预测图

Ⅰ～Ⅷ代表 8 个页岩气成藏区域，具体见图 2-1

可能出现部分褶皱回返（张金川等，2008b）。除了加里东期盆地内部的川中古隆起发生抬升剥蚀和印支期、喜马拉雅期在盆地周缘有大规模褶皱冲断作用外，盆地内部总体上经受的构造变革相对较弱，构造平缓、地层发育齐全（赵宗举等，2000；贾承造等，2007），燕山晚期—喜马拉雅旋回，构造运动主要表现为沉积盖层的强烈褶皱回返及剥蚀，盆地沉降-沉积中心由川东转移至川西并发生了跷跷板式的区域构造运动，打破了长期以来的构造发展格局及演化轨迹，除四川盆地西部山前带（如川西拗陷）地层保存完好并继续接受上构造层的陆相沉积（最大厚度为 6km）以外，四川盆地东部地区构造逆冲与回返强烈、沉积盖层抬升与剥蚀严重，大面积区域内发生构造隆升作用并导致古生界地层抬升，沉积环境发生重要改变并形成了现今的盆地构造格局和剖面结构特点（张金川等，2006，2008c）（图 2-21～图 2-24）。

基于不同阶段的构造运动的表现形式具有地区差异性，尤其是印支期以来的构造运动，在不同地区所引起的抬升与沉降、剥蚀与沉积的差异性明显，从而也引起了下古生界海相层系富有机质页岩具有明显的地区差异性。可将川渝黔鄂地区划分为 4 个地质单

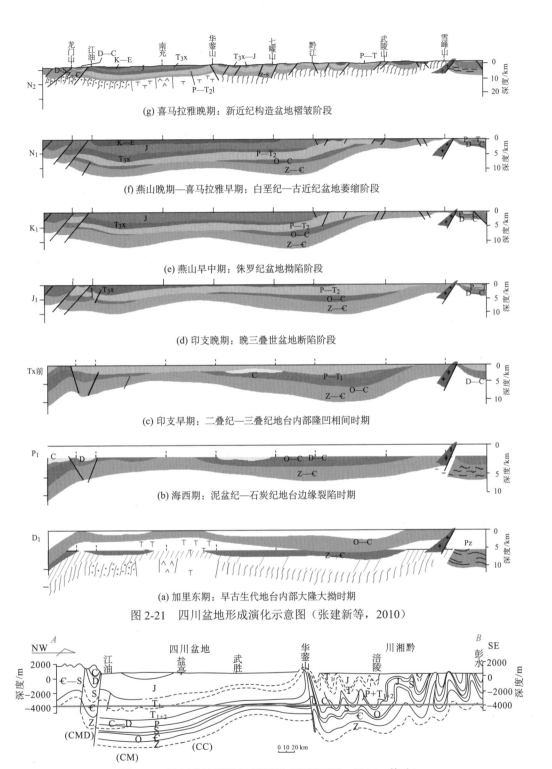

(g) 喜马拉雅晚期：新近纪构造盆地褶皱阶段

(f) 燕山晚期—喜马拉雅早期：白垩纪—古近纪盆地萎缩阶段

(e) 燕山早中期：侏罗纪盆地拗陷阶段

(d) 印支晚期：晚三叠世盆地断陷阶段

(c) 印支早期：二叠纪—三叠纪地台内部隆凹相间时期

(b) 海西期：泥盆纪—石炭纪地台边缘裂陷时期

(a) 加里东期：早古生代地台内部大隆大拗时期

图 2-21　四川盆地形成演化示意图（张建新等，2010）

图 2-22　四川盆地页岩气剖面图（据郭正吾，1996，修改）

CMD.克拉通形变边缘；CM.克拉通边缘；CC.克拉通拗陷

图 2-23　贵州省镇远县都坪镇北地层褶皱照片　　图 2-24　重庆市彭水县连湖镇西北地层倒转照片

元：滇东—黔北、渝东南—湘西和川东—鄂西高陡构造区以区域构造大幅抬升及强烈挤压为特点，古生界地层埋藏浅、变形严重、破坏强烈，现今构造形态表现为高陡状褶皱，中生界地层只有少部分残留；川南和川西南低缓构造区以区域构造隆升为特点，下构造层埋深较浅而上构造层厚度较薄，区域构造相对低缓平坦；川西低缓构造区和川中低平构造区古生界地层埋深较大且相对较薄，以中—新生代前陆盆地发育为特点，晚三叠世以来陆相碎屑发育，区域构造平缓；川北低缓构造区以区域构造隆升为特点，下古生界地层厚度适中，埋深变化较大。

2.3　沉 积 背 景

　　海相黑色富有机质页岩形成于沉积速率较快、地质条件较为封闭、有机质丰富的台地或陆棚环境中，在被动大陆边缘、克拉通内拗陷和前陆挠曲形成的滞留盆地等沉积环境中发育较为有利，通常与大规模的水进过程相关联。震旦系—志留系富有机质页岩发育时期与大地构造格局或沉积盆地性质发生重大变革的转换时期是相辅相成的。就整个扬子地区而言，早古生代发生最大的海侵作用，在寒武纪基本上形成一个统一的海域，从而进入一个相对稳定的地台发展阶段（文玲等，2001）。

　　从晚震旦世开始，川渝黔鄂地区逐步进入稳定的热沉积阶段，为克拉通浅海盆地，整体上处于统一的古沉积背景之下，并在扬子地台南北两侧发育两个被动大陆边缘和一些海湾体系（梁狄刚等，2009）。早寒武世牛蹄塘阶，川渝黔鄂地区除了川中古隆起，其他的如康滇古陆、雪峰山隆起、碳酸盐岩台地主要分布在研究区边缘地区之外，大部分地区为陆棚沉积，总体西高南东低，自西向东南分别由古陆、浅水陆棚、深水陆棚、热水深水陆棚、斜坡和深海洋组成，具备了形成黑色富有机质页岩的良好条件，在快速海进和缓慢海退的沉积背景下，早期为深水陆棚沉积，晚期沉积环境水体逐渐变浅，向浅水陆棚及潮坪演化。在早期深水陆棚发育了牛蹄塘组黑色富有机质页岩，形成了一套川渝黔鄂地区古生界最好的烃源岩之一（赵宗举等，2003；马力等，2004）。下寒武统牛蹄塘组黑色页岩主要发育在大陆边缘的内陆架盆地和斜坡区，在早寒武世早期，四川盆地盆底地形为极为平缓、水体相对较浅、水流不畅的停滞缺氧盆地，并在早寒武世早期海平面快速上升形成早古生代最大的海侵作用，在海侵期间低等植物继续在滨岸地区发育，滨浅海区海生动物及水生低等植物也在大量繁殖，为该期的碳质泥岩、页岩及石煤的发育提供了充足的有机质组分，致使北边的南秦岭海槽及南边的滇黔海槽、扬子深海、江南深海沉积了大套的黑色页岩、碳质页岩、硅质页岩及石煤等（马力等，2004）。研究区发育了川北、川东—鄂西、川南、湘黔（热水）4 个深水陆棚区（梁狄刚等，2009），川北和川东—鄂西深水陆棚区向北开口，为正常陆棚与秦岭洋相通；川南和湘黔（热水）深水陆棚区向南开口，与华南洋相通。川北、川东—鄂西、川南的黑色页岩发育在牛蹄塘阶，湘黔（热水）深水陆棚区黑色页岩发育在梅树村阶（图 2-25）。

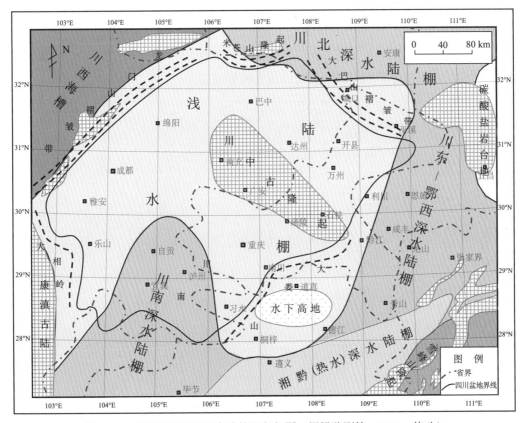

图 2-25　川渝黔鄂地区下寒武统沉积相图（据梁狄刚等，2009，修改）

　　奥陶系沉积处于由被动大陆边缘向前陆盆地转化的构造、沉积变革时期，相对海平面升降变化大、震荡频繁，形成了碳酸盐岩与泥质岩频繁交替的沉积特点。其中，上奥陶统五峰组发育富含笔石和有机质的黑色页岩，厚度一般不足 20m，但分布稳定，与上覆下志留统龙马溪组黑色页岩连续发育，因此，本书把上奥陶统五峰组和下志留统龙马溪组黑色页岩作为一个组系进行讨论。下志留统龙马溪组黑色富有机质页岩受控于海湾深水陆棚沉积相体系，主要在全球性海平面下降和海域萎缩的背景下，形成于封闭、半封闭滞留海盆环境，为一套浅水-深水陆棚相沉积（刘若冰等，2006）。晚奥陶世—早志留世，川渝黔鄂地区发生了洋陆转换、陆陆相碰撞，即华南洋向江绍一带俯冲、消减形成江南造山带、雪峰山造山带，与牛首山—黔中古隆起相连，研究区由大陆边缘转为前陆体系，在造山带前缘形成前陆盆地（马力等，2004；梁狄刚等，2009），包括牛首山—黔中古隆起前缘浅海-滨海前陆盆地、雪峰山前陆隆起造山带前缘盆地和江南浅海，研究区北部还存在南秦岭次深海。前陆盆地发育阶段，浮游植物繁盛，这为区内烃源岩的发育提供了充足的物源。在全球性海平面主体下降和海域萎缩的背景下，区内形成了川南、川东—鄂西和川北 3 个主要的滞留、低能、缺氧环境深水陆棚区（李胜荣和高振敏，1995；陈旭等，2000）。同时这 3 个深水陆棚区也是这套黑色页岩的沉积中心（图 2-26），发育了一套深灰-黑色粉砂质页岩、富有机质（碳质）页岩、硅质页岩夹泥质粉砂岩、钙质页岩等。川渝黔鄂地区下志留统黑色页岩富含微粒黄铁矿和笔石，在全区发育较全且分布非常稳定，同时也是四川盆地特别是川东南地区重要的烃源岩。

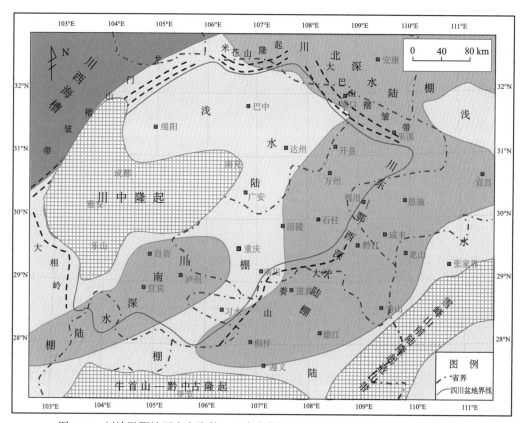

图 2-26　川渝黔鄂地区上奥陶统—下志留统沉积相图（据梁狄刚等，2009 修改）

第3章

页岩气成藏条件

页岩气是指主体上以吸附态和游离态赋存于泥页岩地层中的聚集的天然气（张金川等，2003，2004），相对于常规油气藏，页岩气的成因类型、富集机理及生产机制等都具有一定的特殊性，页岩既是源岩，也是储层，属于"连续型"天然气成藏组合。自生自储、吸附作用机理及由此所产生的巨大的聚集规模是页岩气的重要地质特征（张金川等，2004）。页岩要具备成藏条件，就要有良好的生烃能力、储集空间和后期较好的保存条件，简而言之就是页岩自身的含气量问题。因此，本章主要是通过分析页岩地球化学指标、物性指标、矿物组成、深度、湿度、温度和压力等因素对页岩含气量的影响，进而讨论川渝黔鄂地区页岩气成藏条件及主要影响因素。

3.1 页岩生气条件

页岩生气条件的内部控制因素主要是页岩自身的地球化学指标，即干酪根类型和显微组分、有机碳含量、成熟度、岩石热解参数、生烃史等，同时这些地球化学指标也是页岩吸附气含量的主控因素。

3.1.1 干酪根类型和显微组分

分析结果表明，氢指数（IH）和氢/碳原子比（H/C）分别小于 50、0.5 时，难以准确标定不同母质类型的干酪根。$\delta^{13}C$ 干酪根能够反映原始生物母质特征，次生同位素分馏效应不会严重地掩盖原始生物母质的同位素印记。因此普遍认为 $\delta^{13}C$ 是划分高-过成熟烃源岩有机质类型的有效指标（黄第藩等，1983；Schidlowski，1991；郝石生和王飞宇，1996）。

  下寒武统黑色页岩是以海洋菌藻类为主的生源组合，其原始组分富氢、富脂质，有机成分以腐泥型有机质为主，占95%以上，属于生烃能力极强的Ⅰ型干酪根，也有少量Ⅱ$_1$型干酪根。干酪根 δ^{13}C(PDB)的含量在–29.82‰～32.92‰，平均值为–30.88‰，具有Ⅰ型干酪根的碳同位素特征，生烃潜力大（徐世琦等，2002；腾格尔等，2006；戴鸿鸣等，2008）。川渝黔鄂地区下寒武牛蹄塘组 35 块黑色页岩样品的显微组分分析测试表明，显微组分主要为腐泥组和沥青组，缺乏镜质组、惰质组和壳质组，其中腐泥组以分散状矿物沥青基质为主，沥青组以块状、脉状、碎屑状沥青为主，油浸反射光下呈灰白色，不发荧光（图 3-1）。根据前人研究，并结合本书样品的显微特征及荧光特性，认为这套富有机质页岩的有机质类型多为Ⅰ型，也有少量为Ⅱ$_1$型，属于生油源岩，但目前处于大量生气阶段。

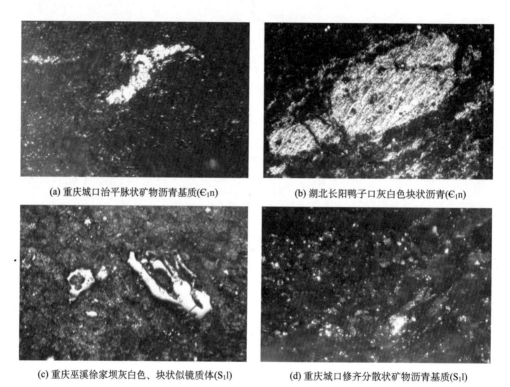

(a) 重庆城口治平脉状矿物沥青基质(∈$_1$n)   (b) 湖北长阳鸭子口灰白色块状沥青(∈$_1$n)

(c) 重庆巫溪徐家坝灰白色、块状似镜质体(S$_1$l)   (d) 重庆城口修齐分散状矿物沥青基质(S$_1$l)

图 3-1 川渝黔鄂地区下古生界黑色页岩显微组分

  上奥陶统黑色页岩的有机质类型属于腐泥型，个别样品中可见似镜质体。下志留统黑色页岩的干酪根属于Ⅰ-Ⅱ$_1$型。干酪根的碳同位素也显示出同样的类型，上奥陶统黑色页岩的干酪根碳同位素含量为–32.01‰～30.82‰，平均为–31.42‰，具有Ⅰ型干酪根的碳同位素特征。下志留统黑色页岩的干酪根碳同位素含量为–32.04‰～28.78‰，平均为–30.23‰，具有Ⅰ-Ⅱ$_1$型干酪根的碳同位素特点（刘若冰等，2006）。川渝黔鄂地区上奥陶—下志留统 33 块黑色页岩样品的显微组分分析测试表明，其显微组分主要为腐泥组和沥青组，缺乏惰质组和壳质组，其中腐泥组以分散状矿物沥青基质为主，沥青组以块状、脉状、碎屑状沥青为主，油浸反射光下呈灰白色，不发荧光。另外，还存在一些似镜质体组分，这些似镜质体可能是光性特征类似镜质组的有机显微组分，也可能是来源于藻类和藻类降解产物热解成烃后形成的镜状体。综合分析认为，上奥陶统—下志留统富有机质页岩的有机质类型为 I-II₁ 型。

干酪根类型影响气体含量、赋存方式及气体成分。不同类型的干酪根，其微观组分不一样，微观组分也是控制气体含量的主要因素。鉴于川渝黔鄂地区下古生界黑色页岩的有机质类型和特性，本书主要考虑形态有机质含量对吸附气含量的影响。形态有机质主要来源于菌藻类和浮游类生物，即藻类、菌类、浮游动物、镜状体和沥青。研究区形态有机质含量是吸附气含量的主要影响因素之一，和吸附气含量呈正相关关系（图 3-2），这主要是因为形态有机质中的藻类等有机质对天然气具有吸附作用。

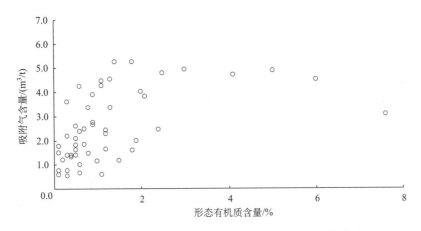

图 3-2　川渝黔鄂地区形态有机质含量和吸附气含量的关系

3.1.2　有机碳含量

有机质丰度指标主要包括有机碳含量和氯仿沥青"A"。我国海相地层发育时代早、经历的构造运动多，残留的氯仿沥青"A"含量普遍很低，不能准确反映我国海相页岩的生烃能力，因此主要采用有机碳含量对我国海相页岩进行评价。黑色页岩中的有机质颗粒有多种形态，如不规则细粒状、长条状和尘点状，有时有机质颗粒中可见许多极小的黄铁矿散布。有机碳含量是页岩气聚集最重要的控制因素之一，不仅控制着页岩的物理化学性质，包括颜色、密度、抗风化能力、放射性、硫含量等，还在一定程度上控制着页岩弹性和裂缝发育程度，更重要的是可控制页岩的含气量（聂海宽等，2009）（图 3-3）。Jarvie 等（2007）认为有机碳含量是决定页岩产气能力的重要指标，对于有机碳含量的下限问题，在不同地区、不同层系，不同学者的观点都不尽相同，Schmoker

（1981）认为产气页岩的有机碳含量应大于 2%；Bowker（2007）认为具有经济价值的页岩气勘探目标区有机碳含量应在 2.5%～3%，如福特沃斯盆地 Barnett 页岩气藏不同深度岩心测试的有机碳含量普遍较高，一般为 4%～5%（Bowker，2003）。阿巴拉契亚盆地 Ohio 页岩 Huron 下段的有机碳含量为 1%，而在产气页岩段有机碳含量一般高达 2%。所以，一个具有工业价值的页岩气藏平均有机碳含量应大于 2%，但随着开采技术的进步，有机碳含量的下限值可能会适当降低（聂海宽等，2009）。

通过对川渝黔鄂地区均匀分布的 91 块下古生界地表露头和井下岩心样品（大部分为地表露头样品）进行有机碳实验测试分析表明，所有下古生界黑色页岩样品吸附气含量均与有机碳含量呈正比例关系，拟合系数（R^2）高达 0.8058（图 3-3），下寒武统和上奥陶统—下志留统黑色页岩吸附气含量与有机碳含量同样呈正比例关系，且拟合系数（R^2）也很高，分别为 0.8257 和 0.7848（图 3-4）。综合分析认为，有机碳含量和页岩吸附气含量呈很好的正相关关系，有机碳含量越高，吸附气含量越高，这说明有机碳含量是页岩吸附气含量的主控因素。究其原因，有机碳具有多微孔的特征（Rouquerol et al.，2014），微孔的直径一般小于 2nm，中孔的直径在 2～50nm，大孔隙的直径一般大于 50nm，并且随着孔隙度的增加，孔隙结构也会发生变化（微孔变成中孔，甚至大孔隙），孔隙内表面积也会增大（Ross and Bustin，2007）。并且随有机碳含量的增大，各种孔隙也会增大，相应的页岩吸附气量也会增加。

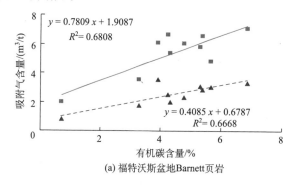

(a) 福特沃斯盆地 Barnett 页岩

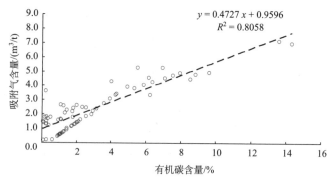

(b) 川渝黔鄂地区下古生界所有页岩样品

图 3-3 有机碳含量和吸附气含量关系（Bowker，2003）

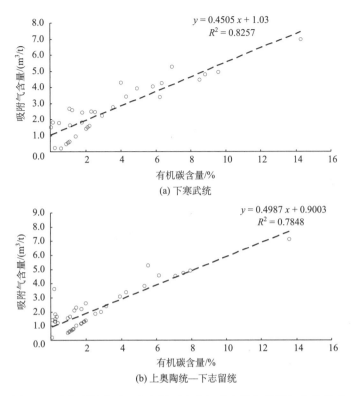

$$y = 0.4505\,x + 1.03$$
$$R^2 = 0.8257$$

(a) 下寒武统

$$y = 0.4987\,x + 0.9003$$
$$R^2 = 0.7848$$

(b) 上奥陶统—下志留统

图 3-4　川渝黔鄂地区下古生界页岩有机碳含量和吸附气含量关系

1. 下寒武统

1）剖面变化

在剖面上，自下而上，由于缺氧环境遭到破坏，岩性发生变化，有机碳含量逐渐减小。川北南江沙滩剖面、川中高科 1 井、黔北毕节方深 1 井、湘西吉首龙鼻嘴剖面、鄂西长阳王子石剖面也呈现类似的特征，底部有机碳含量最高，往上有机碳含量逐渐变小（图 3-5）。就整个研究区而言，寒武系牛蹄塘组富有机质页岩是该区重要的优质烃源岩。

2）平面变化

沉积环境是控制页岩有机碳含量的主要因素，有机碳含量高值区域通常为页岩的沉积中心。川渝黔鄂地区下寒武牛蹄塘组 65 块黑色页岩样品的有机碳分析测试表明，其有机碳含量普遍大于 1%，有机碳含量大于 1% 的样品数占分析总数的 92.3%，有机碳含量大于 3% 的样品数占分析总数的 36.92%（图 3-6），说明研究区该套页岩整体有机碳含量较高，但变化范围大，一般为 0.04%～14.3%，平均为 3.42%。在平面上，有机碳含量高值区主要位于黑色页岩的沉积中心，即川西南、滇东—黔北、渝东南—湘西、川东—鄂西、川北，有机碳含量基本超过 3%，且分布范围较大，局部地区的有机碳含量超过 5%，

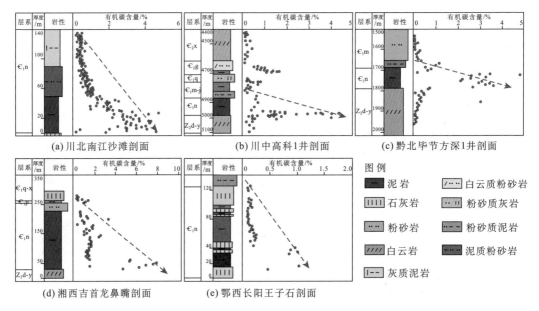

(a) 川北南江沙滩剖面　　(b) 川中高科1井剖面　　(c) 黔北毕节方深1井剖面

(d) 湘西吉首龙鼻嘴剖面　　(e) 鄂西长阳王子石剖面

图 3-5　川渝黔鄂地区下寒武统黑色页岩有机碳剖面变化图（据梁狄刚等，2008，修改）

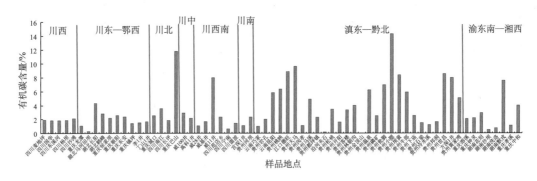

图 3-6　川渝黔鄂地区下寒武统各区主要样品点有机碳含量

沿沉积边部有机碳含量较小，从沉积中心区到边部有机碳含量有逐渐缩小的趋势，在上扬子克拉通台地上有机碳含量基本上都小于 2%。其中，川西地区有机碳含量一般为1.82%～2.12%，平均为 1.91%；川东—鄂西地区有机碳含量为 0.28%～4.32%，平均为2.03%，有机碳含量高值区主要位于鄂西的湖北长阳和湖北鹤峰地区；川北地区有机碳含量为 1.86%～11.8%，平均为 4.95%，其中有机碳含量高值区位于重庆城口附近，重庆巴山有机碳含量最高，为 11.8%；川中地区有机碳含量为 2.18%～2.95%，平均为 2.57%；川西南地区有机碳含量为 0.62%～7.99%，平均为 2.53%，高值区主要位于川西南威远地区，其中威 11 井有机碳含量最高，为 7.99%；川南大部分地区有机碳含量超过 2%，一般为 1.1%～7.24%，平均为 3.25%；滇东—黔北地区有机碳含量为 0.04%～14.3%，平均为 4.56%，黔北的毕节方深 1 井—息烽温泉—瓮安瓮角和黔东北江口—松桃牛郎—铜仁坝黄等是高值区，有机碳含量均大于 5%；渝东南—湘西地区有机碳含量为 0.52%～

7.59%，平均为 2.66%，湘西默戎附近有机碳含量最大，为 7.59%（图 3-7）。

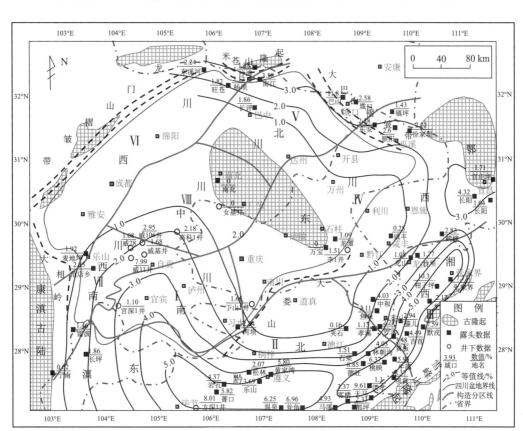

图 3-7 川渝黔鄂地区下寒武统黑色页岩有机碳含量等值线图

Ⅰ～Ⅷ代表 8 个页岩气成藏区域，具体见图 2-1

早寒武世，川北和鄂西—渝东地区受秦岭洋的影响，而川南和黔北受华南洋的影响，其中华南洋正处于逐渐关闭期，两者对台地沉积环境的影响不同造成了页岩在特征上的差异。在扬子地台北缘下寒武统只发育一个有机碳高值区，而南部则发育两个有机碳高值区，如川中高科 1 井、黔西北毕节方深 1 井和黔东北的铜仁坝黄（梁狄刚等，2008），对于这种特征，不同研究者给出了不同的解释。梁狄刚等（2009）认为，下寒武统是在一次快速海进与缓慢海退过程中形成的，体现在有机碳含量的垂向变化上为早期海进时水体较深，有利于有机质的保存，随着水体变浅，有机碳含量逐渐减小，而南部出现两次峰值，与南缘的热水事件有关。陈兰等（2005）认为是由南缘出现两次海平面的升降而形成的，并有地球化学元素证据。南部比北部的高有机碳的页岩厚度要大，因此，单从黑色页岩发育的沉积背景、厚度和有机碳含量来看，研究区南部优于北部地区。

2. 上奥陶统—下志留统

1）剖面变化

在剖面上，由于向上缺氧环境遭到破坏，岩性发生变化，有机碳含量也逐渐减小。例如，在丁山 1 井上奥陶统五峰组—下志留统龙马溪组黑色页岩剖面中，剖面从下向上，有机碳含量逐渐降低，底部的最大有机碳含量为 2.9%，向上减小至 0.2%，全井段平均为 1.02%（图 3-8）。川北镇巴观音剖面、渝东石柱漆辽剖面、黔北习水良村剖面和鄂西宜昌王家湾剖面上奥陶统五峰组—下志留统龙马溪组黑色页岩也是在剖面底部有机碳含量最高，最大在 8%以上，往上呈逐渐变小的变化趋势，至顶部最小为 0.26%（图 3-9）。

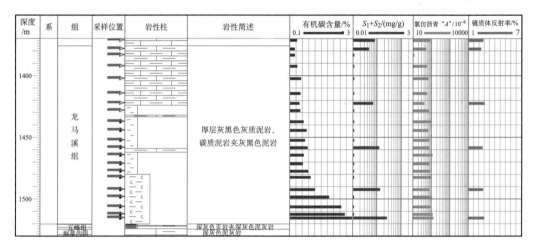

图 3-8　川东南丁山 1 井上奥陶统五峰组—下志留统龙马溪组页岩地化剖面图

2）平面变化

川渝黔鄂地区上奥陶统五峰组—下志留统龙马溪组 80 块黑色页岩样品的有机碳含量的测试分析表明，其有机碳含量普遍大于 1%，有机碳含量大于 1%的样品数占分析总数的 78.75%，有机碳含量大于 2%的样品数占分析总数的 52.5%（图 3-10），说明这套页岩的有机碳含量较高。与下寒武统样品类似，各地区有机碳含量变化范围也很大，一般为 0.07%～7.94%，平均为 2.54%。在平面上，有机碳含量高值区主要围绕川中隆起、牛首山—黔中古隆起和雪峰山隆起形成，且沉积中心分布基本与黑色页岩的沉积中心分布相吻合，即川南、滇东、渝东南—湘西、川东—鄂西、川北、渝东北地区，有机碳含量基本超过 2%，局部地区的有机碳含量超过 5%。其中，川西地区有机碳含量高值区主要位于四川旺苍附近，一般为 0.97%～3.43%，平均为 2.3%；川西南地区有机碳含量为 0.07%～3.79%，平均为 1.79%；川南大部分地区有机碳含量超过 1%，一般为 1.44%～4.27%，平均为 3.17%，珙县—泸州—古蔺一带为高值区，其中珙县双河有机碳含量高达 4.28%；川东—鄂西地区有机碳含量为 0.26%～7.56%，平均为 3.04%，高值区主要位于

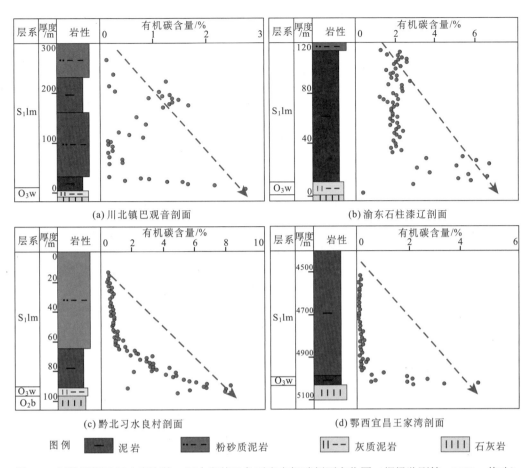

图 3-9　川渝黔鄂地区上奥陶统—下志留统黑色页岩有机碳剖面变化图（据梁狄刚等，2008，修改）

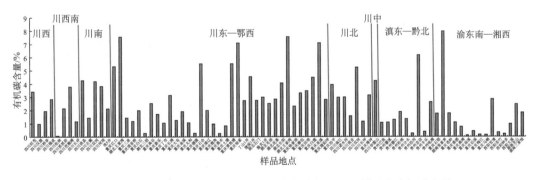

图 3-10　川渝黔鄂地区上奥陶统—下志留统各区主要样品点有机碳含量

川北双河、鄂西巫溪、川东江口地区，有机碳含量均大于 5%；川北地区有机碳含量为 1.16%～5.24%，平均为 3%，其中高值区位于重庆城口双河附近，有机碳含量为 5.24%；川中地区有机碳含量为 0.26%～6.13%，平均为 2.5%；滇东—黔北地区有机碳含量为 0.25%～6.16%，平均为 1.79%，有机碳含量总体普遍不高；渝东南—湘西地区有机碳含量为 0.12%～7.97%，平均为 1.52%，湖南张家界有机碳含量最大，为 7.97%（图 3-11）。

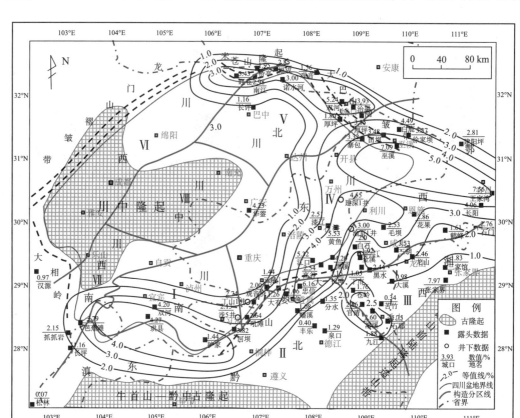

图 3-11　川渝黔鄂地区上奥陶统—下志留统黑色页岩有机碳含量等值线图

在平面上，有机碳含量高值区主要位于黑色页岩的沉积中心，围绕川中古隆起、牛首山—黔中古隆起和雪峰山隆起形成川南—黔北和鄂西—渝东两个有机碳含量高值区。川渝黔鄂各区上奥陶统五峰组—下志留龙马溪组黑色页岩整体上有机碳含量最小为 0.2%，最大为 8%，黑色页岩分布区绝大部分区域有机碳含量大于 1%，在环雷波—泸州—习水—威信地区、石柱南部地区、荆门西部及万州北部地区形成了 4 个有机碳含量高值区，有机碳含量大于 3%，在秀山西部地区、武隆南部地区形成了有机碳次高值区，有机碳含量大于 2%。页岩沉积边部有机碳含量较小，从沉积中心区到边部有机碳含量呈逐渐缩小的趋势（图 3-11）。有机碳含量平面分布与页岩沉积中心相吻合，说明当时海平面不仅控制了页岩的发育程度，也控制了有机质的丰度。

晚奥陶世—早志留世期间，川渝黔鄂地区由大陆边缘转为前陆体系，在造山带前缘形成前陆盆地（马力等，2004；梁狄刚等，2009）。包括牛首山—黔中古隆起前缘浅海—滨海前陆盆地、雪峰山前陆隆起造山带前缘盆地和江南浅海，以及北部的南秦岭次深海。区内形成了川南、川东—鄂西和川北—川（渝）东北 3 个深水陆棚区，是该套黑色页岩的沉积中心，有机碳含量高值区黑色页岩厚度大，因此，单从黑色页岩发育的沉积背景、厚度和有机碳含量来看，研究区川南、川东—鄂西和川北—川（渝）东北优于其他地区，另外也要考虑到构造控制因素，川南和鄂西地区保持条件相对于其他地区要好。

3.1.3 成熟度

不同类型的有机质在不同演化阶段其生烃生气量不同，在热成因的页岩气储层中，烃类是在时间、温度和压力的共同作用下生成的。干酪根的成熟度不仅可以影响页岩的生烃潜能和吸附在有机物质表面的天然气量，还可以用于在高变质地区寻找裂缝型页岩气储层的潜能。因此，干酪根的成熟度可作为页岩储层系统有机成因气研究的重要指标（蒲泊伶等，2008；聂海宽等，2009）。黑色页岩成熟阶段划分标准为：R_o 小于 0.5% 为未成熟，0.5%～1.3% 为成熟，1.3%～2% 高成熟，2%～3% 过成熟早期阶段，3%～4% 过成熟晚期阶段；大于 4% 为变质期（表 3-1）。

表 3-1　中国南方黑色页岩成熟阶段划分标准（黄第藩等，1983；郝石生和王飞宇，1996）

成熟阶段	未熟期	成熟	高成熟	过成熟早期	过成熟晚期	变质期
R_o/%	<0.5	0.5～1.3	1.3～2	2～3	3～4	>4
成烃阶段	生物气	成油期	凝析油-湿气	干气		生烃终止

通过对美国主要产气页岩的成熟度的统计，发现其变化范围较大，从未成熟到过成熟均有发现。例如，密执安盆地 Antrim 页岩成熟度下限为 0.3%，而西弗吉尼亚州南部页岩成熟度高达 4%。页岩气藏包括生物成因、热成因及两种共同成因的混合气藏。例如，密执安盆地 Antrim 页岩就是生物成因气藏，福特沃斯盆地 Barnett 页岩、阿巴拉契亚盆地 Ohio 页岩和圣胡安盆地 Lewis 页岩等主要是热成因气藏，伊利诺斯盆地 New Albany 页岩是生物成因和热成因共同成因气藏（Curtis, 2002; Martini et al., 2003）。因此，根据页岩成熟度可将页岩气藏划分为高成熟度、低成熟度及高-低成熟度混合型页岩气藏 3 种类型。

美国目前的勘探开发实践表明，美国页岩气产区的页岩成熟度普遍大于 1.3%（Martineau, 2007; Pollastro, 2007），在阿巴拉契亚盆地的西弗吉尼亚州南部页岩成熟度最高可达 4.0%，且只有在页岩成熟度较高的区域才有页岩气产出（Milici et al., 2011）。对于热成因的页岩气藏，成熟度不是制约其聚集的主要因素。例如，圣胡安盆地 Lewis 页岩气藏和福特沃斯盆地 Barnett 页岩气藏为高成熟度的页岩气藏，天然气主要来源于热成熟作用。福特沃斯盆地 Barnett 页岩气藏的天然气是由高成熟度（$R_o \geqslant 1.1\%$）条件下的原油裂解形成的（Jarvie et al., 2007），美国燃气技术研究院（Gas Technology Institute，GTI）公布了 Barnett 页岩气藏产气区的成熟度为 1%～1.3%，实际上产气区西部的页岩成熟度为 1.3%，东部的页岩成熟度为 2.1%，平均为 1.7%（Martineau，2007；Pollastro，2007）。阿巴拉契亚盆地页岩成熟度的变化范围在 0.5%～4%（Schmoker，1981），产气区的弗吉尼亚州和肯塔基州的页岩气成熟度为 0.6%～1.5%，宾夕法尼亚州西部的页岩气成熟度为 2%，在西弗吉尼亚州南部的页岩气成熟度最高可达 4%，且只有在的页岩气成熟度较高的区域才有页岩气的产出（Milici et al., 2011）。由此可见，页岩的高成熟度（>2%）不是制约页岩气聚集的主要因素，相反，成熟度越高越有利于页岩气的产生，说明在高成熟度下能发育页岩气藏。

对川渝黔鄂地区均匀分布的 130 块下古生界地表露头和井下岩心样品（大部分为地表露头样品）进行成熟度实验测试分析表明，所有下古生界黑色页岩样品、下寒武统和上奥陶统—下志留统黑色页岩样品的成熟度和吸附气量的关系不是很明显，拟合系数分别为 0.0799、0.1232 和 0.0062（图 3-12，图 3-13），因此，可以说成熟度对吸附气含量的影响不是很大，即无论成熟度高与低，均有可能形成吸附气含量很高的页岩气聚集。值得注意的是本书缺少成熟度小于 1% 的样品值，或许加上成熟度小于 1% 的（生物成因），二者的相关关系会发生变化，因此，所得的结论仅适用于高成熟度的页岩气聚集研究。

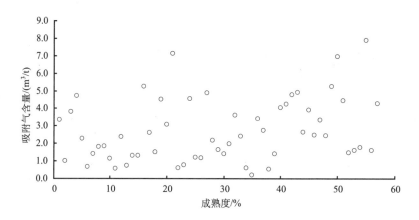

图 3-12　川渝黔鄂地区页岩成熟度和吸附气含量的关系（下古生界所有页岩样品）

1. 下寒武统

1）剖面变化

下寒武统黑色页岩演化程度总体较高，如在丁山 1 井牛蹄塘组黑色页岩地球化学剖面中，成熟度在剖面上变化不大，底部最大为 5.75%，向上减小为 3.55%，平均为 4.29%。

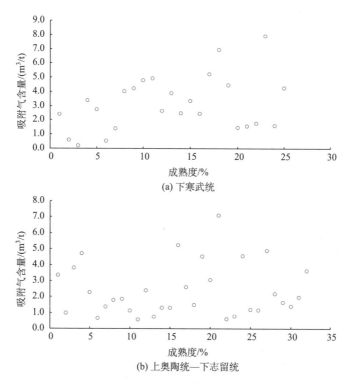

图 3-13 川渝黔鄂地区下古生界页岩成熟度和吸附气含量的关系

2）平面变化

川渝黔鄂地区下寒武牛蹄塘组 59 块黑色页岩样品分析测试表明，页岩成熟度总体演化程度较高，一般为 1.29%～5.5%，平均为 3.01%。全区页岩成熟度介于 1%～2% 的占 10.17%，介于 2%～3% 的占 42.37%，大于 3% 的占 47.46%（图 3-14）。由此可看出，平面上形成川东北（宣汉—达州）和川南—黔西北（叙永—威信—金沙—贵阳）两个高值区，这两个高值区成熟度均超过 4%，达到过成熟晚期阶段，除此之外，大部分地区成熟度大于 2%，研究区这套黑色页岩有机质基本上处于高成熟、过成熟阶段。其中，川西地区页岩成熟度一般为 1.5%～3.4%，平均为 2.75%，大部分地区属于过成熟阶段；川东—鄂西地区页岩成熟度为 2.26%～4.3%，平均为 3.32%，川（渝）东北的五科 1 井—池 1 井—鄂西的龙马附近页岩成熟度均超过 4%，属于过成熟晚期阶段，其他地区有机质成熟度基本也都大于 2%，属于高成熟—过成熟早期；川北地区成熟度为 2.22%～4.2%，平均为 2.98%，其中高值区位于四川普光附近，为 4.2%，大部分地区页岩成熟度大于 2%，也都属于过成熟阶段；川中地区页岩成熟度为 2.95%～3.3%，平均为 3.12%，总体成熟度较高，基本大于 3%，属于过成熟晚期阶段；川南地区页岩成熟度为 2.62%～3.53%，平均为 3.1%，其中丁山 1 井—黔北贵州河坝附近页岩成熟度大于 3.5%，属于过成熟晚期阶段；川西南地区页岩成熟度为 3.1%～4%，平均为 3.51%，总体成熟度较高，基本都属于过成熟晚期；滇东—黔北地区页岩成熟度为 1.29%～5.5%，平均为 2.88%，分布范围大，大部分地区属于过成熟阶段，其中毕节方深 1 井页岩成熟度最大，高达 5.50%；渝东南—湘西地区页岩成熟度为 1.6%～3.55%，平均为 2.85%，大部分地区页岩成熟度大于 3%，基本也都属于过成熟阶段（图 3-15）。

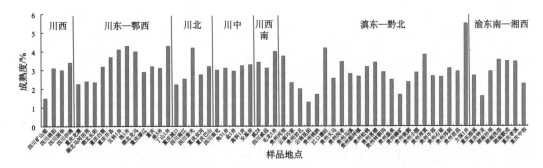

图 3-14 川渝黔鄂地区下寒武统各区主要样品点成熟度

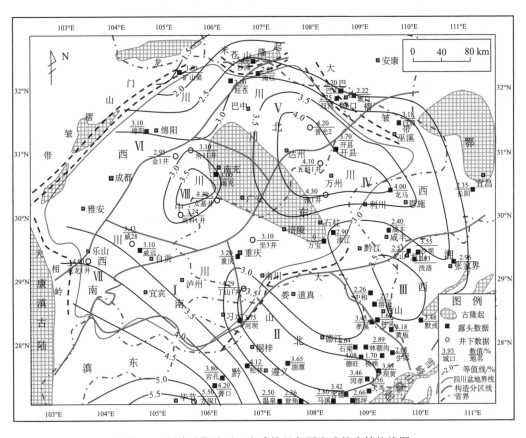

图 3-15 川渝黔鄂地区下寒武统黑色页岩成熟度等值线图

2. 上奥陶统—下志留统

1）剖面变化

该套黑色页岩演化程度总体较高，如在丁山 1 井上奥陶统五峰组—下志留统龙马溪组黑色页岩剖面中，页岩成熟度在剖面上变化不大，底部最大为 2.14%，向上减小为1.86%，平均为 2.05%（图 3-8）。

2）平面变化

川渝黔鄂地区上奥陶统—下志留统 71 块黑色页岩样品分析测试表明,总体演化程度较高，页岩成熟度一般为 1.04%～4.3%，平均为 2.59%。全区页岩成熟度介于 1%～2%的占 18.31%，页岩成熟度介于 2%～3%的占 56.34%，页岩成熟度大于 3%的占 25.35%（图 3-16）。由此可看出，平面上形成川东北（宣汉—达州—开县—万州—利川）和川南（内江—泸州—赤水—习水）两个高值区，成熟度均超过 3.5%，达到过成熟晚期阶段，除此之外，大部分地区成熟度大于 2%，基本上处于高成熟、过成熟阶段。其中，川西地区成熟度一般为 1.2%～3.15%，平均为 2.39%，基本处于高成熟-过成熟阶段；川东—鄂西地区成熟度为 1.56%～4.3%，平均为 2.65%，渝东北的开县地区成熟度为 4.30%，属于过成熟晚期阶段，其他地区成熟度基本也都大于 2%，属于高成熟-过成熟早期阶段；川北地区成熟度为 1.04%～3.9%，平均为 2.3%，其中高值区位于四川普光附近，为 3.90%，大部分地区成熟度大于 2%，属于过成熟阶段；川中地区成熟度为 1.95%～4.23%，平均为 2.66%，属于高成熟-过成熟早期；川南地区成熟度为 2.01%～3.8%，平均为 2.84%，其中习水良村—赤水—泸州是成熟度高值区，成熟度均大于 3.5%，属于过成熟晚期阶段；川西南地区成熟度为 2.53%～3.28%，平均为 2.81%；滇东—黔北地区成熟度为 1.6%～2.53%，平均为 2.08%，大部分地区成熟度在 1.5%～2%，属于高成熟阶段；渝东南—湘西地区成熟度为 2.19%～3.36%，平均为 2.63%，除了丁市成熟度为 3.62%之外，大部分地区成熟度小于 3%，属于高成熟-过成熟早期（图 3-17）。

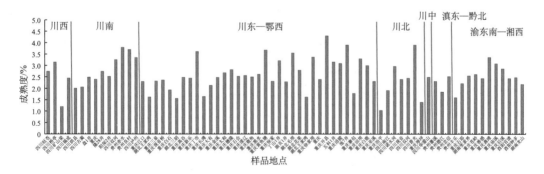

图 3-16 川渝黔鄂地区上奥陶统—下志留统各区主要样品点成熟度

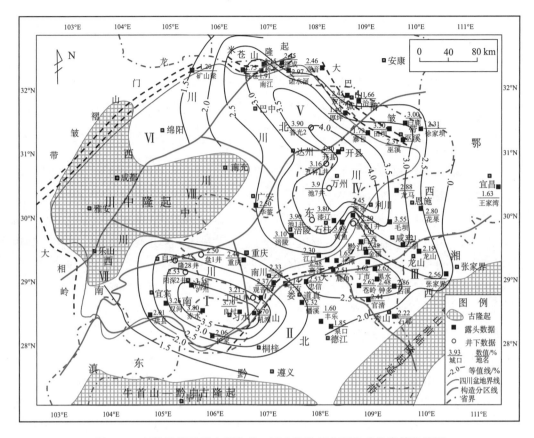

图 3-17　川渝黔鄂地区上奥陶统—下志留统黑色页岩成熟度等值线图

3. 岩石热解参数

岩石热解的功能是定量检测岩石中的含烃量。其中总烃量为 S_0、S_1、S_2 的总和，其中，S_0 为气态烃含量，代表了 $C_1 \sim C_7$ 的轻烃含量（mg/g）；S_1 为游离烃含量，代表生成但未运移走的液态烃（C_7 以前，mg/g）残留量；S_2 为代表干酪根可裂解的总烃量（mg/g）。对川渝黔鄂地区均匀分布的 70 块下古生界地表露头和井下岩心样品（大部分为地表露头样品）进行岩石热解实验测试分析表明，所有下古生界黑色页岩样品、下寒武统和上奥陶统—下志留统黑色页岩吸附气含量与总烃量均呈正比例关系，但拟合系数都不高，且总烃量大于 0.2mg/g 后的关系不是很明显（图 3-18，图 3-19）。

3.1.4　生烃史

川渝黔鄂地区在漫长的地史演化过程中，历经了多期隆升剥蚀与沉降，晚期隆升幅度大，为多期生烃，油气呈多期成藏与破坏，成藏类型具有多样性。加里东运动末期，加里东运动导致盆地区域性不均一抬升与剥蚀作用，使得寒武系烃源岩生烃作用趋于停

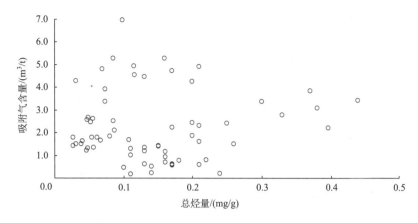

图 3-18　川渝黔鄂地区总烃量和吸附气含量的关系（下古生界所有页岩样品）

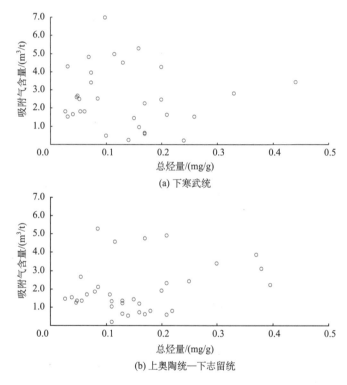

(a) 下寒武统

(b) 上奥陶统—下志留统

图 3-19　川渝黔鄂地区下古生界页岩总烃量和吸附气含量关系

滞，而这一时期龙马溪组的埋深主要取决于志留系的沉积厚度，有机质受热温度较低，烃源岩未达到生烃门限。印支期，区域性构造快速沉降，埋深加大，使大部分寒武系烃源岩进入成油气期，志留系烃源岩也开始进入成熟阶段，有机质达到生烃高峰。燕山晚期，寒武系牛蹄塘组和志留系龙马溪组两套烃源岩总体埋深大，热演化程度高，干酪根进入干气阶段。同时古隆起发生构造变异，早期背斜等构造圈闭变为斜坡，一方面古油藏裂解成气，另一方面古油气藏发生调整。喜马拉雅晚期，四川盆地处于总体挤压环境，地壳以收缩为主，改造了燕山期形成的构造格局，整个盆地开始较大规模迅速抬升剥蚀，导致两套烃源岩埋藏变浅，不少地区甚至出露地表（刘和甫等，2000；高祺瑞，2001；刘树根等，2009）。

对川渝黔鄂不同地区主要井埋藏史图进行对比分析，结果表明不同地区下古生界富有机质页岩生烃史存在明显的差异。川北地区以五科1井剖面为代表，志留系沉积后，下寒武统富有机质页岩仍处于未成熟阶段，在泥盆纪—石炭纪时期，成熟作用增进不明显；在二叠纪沉积作用后，下寒武统富有机质页岩进入低成熟阶段；在早三叠世沉积期间主体进入生油峰期；在早侏罗世沉积期间，开始进入以生气为主阶段，而下志留统富有机质页岩进入主生油期阶段；在中侏罗世沉积后，下寒武统富有机质页岩进入生气下限，下志留统富有机质页岩开始大量生气；到晚侏罗世，下志留统富有机质页岩进入主生气阶段，下寒武统富有机质页岩进入生气下限；在早白垩世，下志留统富有机质页岩产出大量干气，并进入生气下限[图3-20（a）]。川中地区以高科1井剖面为代表，下寒武统富有机质页岩在志留纪末处于低成熟阶段，有少量烃类生成，后因加里东期抬升、剥蚀，生烃作用终止；三叠系沉积后开始二次生烃，在早侏罗世进入成熟阶段；在中侏罗世主体进入主生油期，主生气期出现在晚侏罗世—早白垩世（徐国盛等，2007），干酪根和未排除的原油均裂解成天然气[图3-20（b）]。川南地区以盘1井剖面为代表，在志留系沉积后，在早三叠世下寒武统富有机质页岩主体进入主生油期；在早侏罗世下志留统富有机质页岩进入主生油期，下寒武统富有机质页岩进入生气高峰期；在中侏罗世下寒武统富有机质页岩进一步生成干气；在晚侏罗世沉降作用后，下志留统富有机质页岩进入主生气期，下寒武统富有机质页岩仍有少量干气生成；进入白垩纪，下古生界富有机质页岩呈一种较慢的生气状态；到晚白垩世，下志留统富有机质页岩进入生气下限[图3-20（c）]。川西南地区以威2井剖面为代表，下寒武统富有机质页岩在志留纪末开始生烃，生成少量原油，随后地层抬升遭受剥蚀，生烃终止；三叠纪快速埋藏进入二次生烃阶段；至白垩纪中期进入过成熟早期演化阶段，白垩纪中期以后开始快速抬升，生烃终止（朱光有等，2006）；下志留统富有机质页岩在中三叠世开始生烃，在白垩纪中期埋深最大，进入生成干气阶段，白垩纪中期地层抬升，生烃终止[图3-20（d）]。川东—鄂西地区下寒武统富有机质页岩具有长期持续埋藏、快速抬升的特征，在寒武纪末进入生油高峰期，到中三叠世进入过成熟期生干气阶段，燕山期以后快速抬升，生烃终止；下志留统富有机质页岩在中志留世开始进入低成熟期，地层持续埋深，早泥盆世进入成熟期，到了晚二叠世开始进入主生气期。该区总体属于快速埋藏、长期深埋、快速抬升型。抬升较晚，有利于页岩气的聚集，但由于抬升剥蚀改造持续时间长，隆升幅度大，且以褶皱抬升为特征，部分地区下古生界地层已不同程度地出露地表，页岩气保存条件差[图3-20（e）]。渝东南—湘西地区和川东—鄂西区埋藏史类似，也是属于长期持续埋藏、快速抬升型，在寒武纪末进入下寒武统富有机质页岩进入成熟期，处于生油高峰期；到晚志留世进入成熟晚期

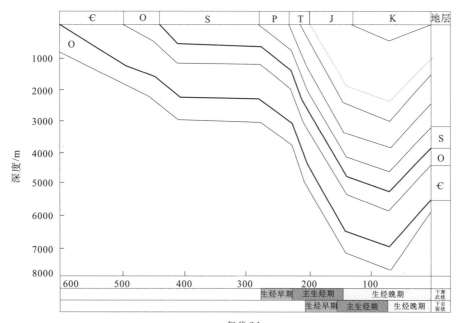

(a) 川北地区

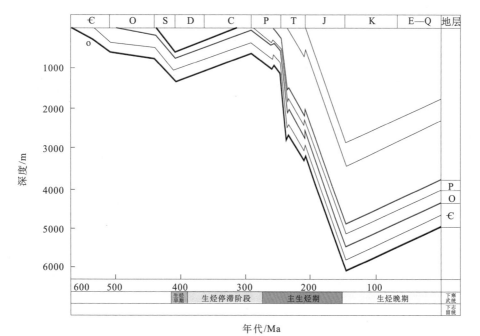

(b) 川中地区

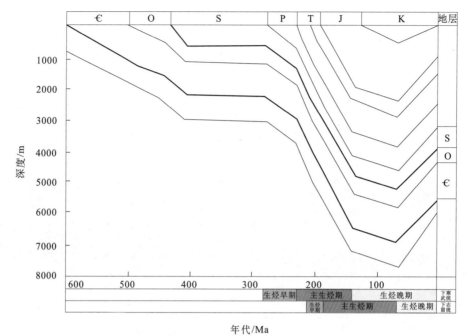

(c) 川南地区

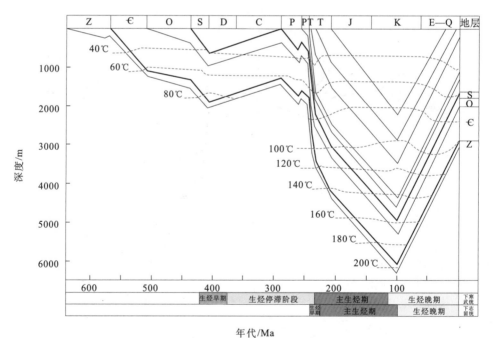

(d) 川西南地区

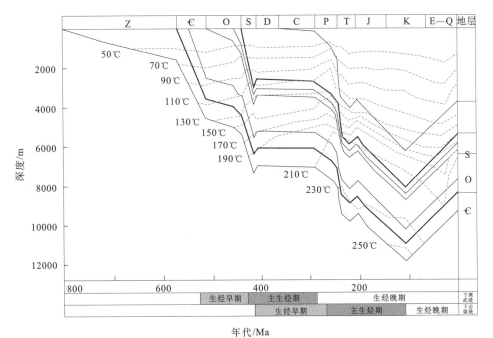

(e) 川东—鄂西地区

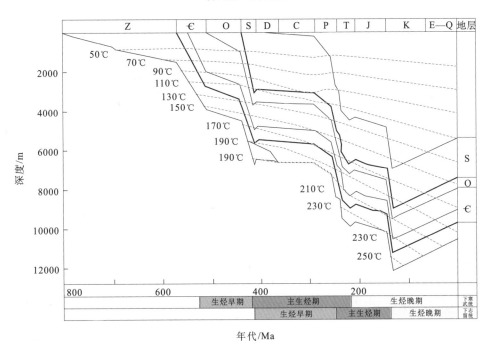

(f) 渝东南—湘西地区

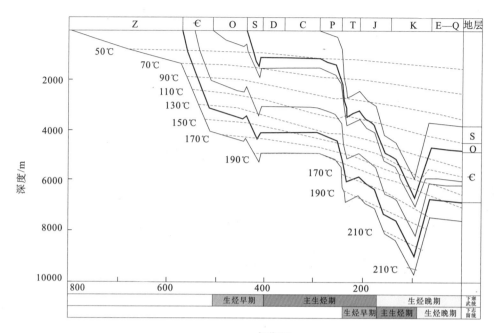

(g) 滇东—黔北地区

图 3-20　川渝黔鄂寒武系—志留系富有机质页岩埋藏史及成熟演化史

（a）川北地区（据蒲泊伶等，2008，修改）；（b）川中地区（据王兰生，2009，修改）；（c）川南地区（据蒲泊伶等，2008，修改）；（d）川西南地区（据朱光有等，2006，修改）；（e）川东—鄂西地区（据陶树等，2009，修改）；（f）渝东南—湘西地区（据陶树等，2009，修改）；（g）滇东—黔北地区（据陶树等，2009，修改）

主力生气期，持续埋藏；中三叠世进入过成熟期生干气阶段，燕山期以后快速抬升，生烃终止；下志留统富有机质页岩在晚志留世开始进入低成熟期；中三叠世进入高成熟阶段主力生气期[图 3-20（f）]。滇东—黔北地区具有快速埋藏、长期持续埋深、快速抬升的特点，下寒武统富有机质页岩在早奥陶世开始进入生烃期，在志留纪末处于高成熟期，达到生油高峰，早三叠世进入生气阶段，晚侏罗世—早白垩世埋深达到最大，进入过成熟期生干气阶段；下志留统富有机质页岩在早三叠世开始生烃，中侏罗世进入生油高峰期，到了晚白垩世埋深达到最大，进入高成熟阶段主力生气期[图 3-20（g）]。

3.2　页岩气聚集条件

泥页岩属于低孔低渗的沉积岩，其类基质孔隙极其不发育（总孔隙度一般小于 10%，而含气的有效孔隙度一般只有 1%～5%），多为微毛细管孔隙，渗透率也远小于致密砂岩

（一般小于 $0.1 \times 10^{-3} \mu m^2$）。在页岩中，天然气的赋存状态有很多种，除极少量以溶解态赋存以外，大部分均以吸附态赋存于岩石颗粒和有机质表面，或以游离态赋存于微孔隙和微裂缝之中（Johnsonibach，1980；Curtis，2002；张金川等，2004）。美国页岩气勘探经验表明，一个具有工业价值的页岩气藏，在某种程度上页岩本身要具有一定规模的可为页岩气提供聚集的空间，同时也要拥有较高的渗透能力或具备可改造条件的泥页岩裂缝系统，为页岩气从基岩孔隙进入井孔提供必要的运移通道（Curtis，2002；张金川等，2004；Montgomery et al.，2005；Bowker，2007）。

3.2.1 岩矿组成

页岩的矿物成分比较复杂，除伊利石、蒙脱石、高岭石等黏土矿物以外，还常含有石英、方解石、长石、云母等碎屑矿物和自生矿物，其矿物成分的变化影响了页岩对甲烷的吸附能力（张金川等，2004）。美国页岩气勘探实践表明，黏土矿物具有较高的微孔隙体积和较大的比表面积，对气体吸附性能影响较大。随着石英、碳酸盐矿物含量的增加，岩石的脆性逐渐提高，在页岩气开采压裂过程中极易形成天然裂隙和渗导裂缝，这样既有利于页岩气的渗流，同时也增大了游离态页岩气的储集空间。此外，也能为页岩气钻井、完井和人工压裂设计提供参考。已成功开发的主要盆地中页岩矿物的组成主要分布在两个区域：Bossier（部分）、Ohio、Barnett 和 Woodford 页岩主体分布于石英、长石和黄铁矿含量在 25%～82%，碳酸盐矿物含量低于 35%，黏土矿物含量在 8%～65% 的区域，其中 Barnett 硅质页岩黏土矿物通常小于 40%，石英等含量超过 45%，纵向上自下而上石英和碳酸盐等脆性矿物含量总体较高，基本大于 50%；另一部分 Bossier 页岩主体分布于石英、长石和黄铁矿含量在 5%～32%，碳酸盐矿物含量在 37%～95%，黏土矿物含量在 5%～40% 的区域（图 3-21，图 3-22）。

根据黏土矿物 X 射线衍射分析结果，川渝黔鄂地区下古生界发育的两套页岩主体也位于两个区域：一套页岩主体位于石英、长石和黄铁矿含量在 10%～35%，碳酸盐岩含量在 30%～55%，黏土矿物含量在 20%～45% 的区域；另一套页岩主体位于石英、长石和黄铁矿含量在 45%～90%，碳酸盐岩含量低于 20%，黏土矿物含量在 10%～65% 的区域（图 3-21，图 3-22）。根据牛蹄塘组的岩样测试结果统计，石英含量为 16%～78%，平均为 48.3%；黏土矿物含量为 8%～61%，平均为 34.8%。长石含量为 0%～22%，平均为 8.4%，其中钾长石含量为 0%～10%，平均为 1.9%；斜长石含量为 0%～20%，平均为 6.9%。碳酸盐含量为 0%～55%，平均为 6.2%，其中方解石含量为 0%～54%，平均为 3.4%。白云石含量为 0%～55%，平均为 3.5%。次要矿物主要为黄铁矿，含量为 0%～10%，平均为 2% 等（表 3-2）。黏土矿物主要包括高岭石、绿泥石、伊利石和伊/蒙混层等。下寒武统牛蹄塘组黑色页岩中石英和碳酸盐等脆性矿物含量总体较高，各区平均值高达 60%

以上，其中川西、滇东—黔北和渝东南—湘西脆性矿物含量最高，均大于65%（图3-23）；
上奥陶统五峰组—下志留统龙马溪组除了川西之外，各区脆性矿物含量基本都大于50%，
川北和川东—鄂西地区脆性矿物含量最高，均超过60%（图3-24）。

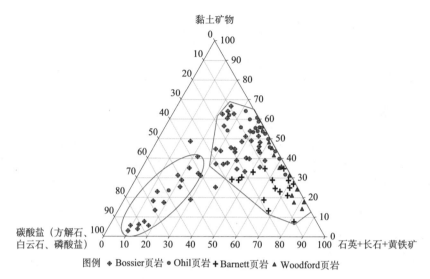

(a) 美国主要产气页岩

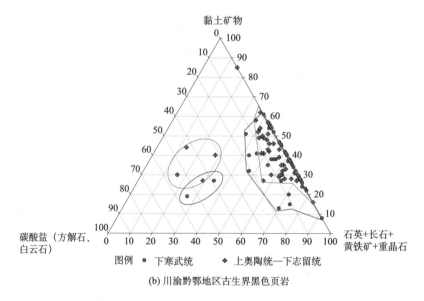

(b) 川渝黔鄂地区古生界黑色页岩

图 3-21 黑色页岩矿物组成三角图（单位：%）

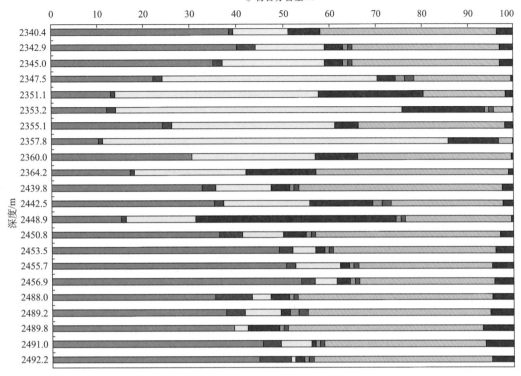

图 3-22 Barnett 页岩地层不同深度岩心样品矿物含量变化图（Lee and Sidle，2010）

表 3-2 川渝黔鄂地区下古生界黑色页岩矿物组成 （单位：%）

层位	石英	黏土矿物	碳酸盐	长石	黄铁矿
			方解石和白云石	钾长石和斜长石	
Barnett 页岩	$\dfrac{10\sim54}{32.6}$	$\dfrac{3\sim44}{30.9}$	$\dfrac{3\sim86}{29.3}$	$\dfrac{0\sim8}{2.6}$	$\dfrac{0\sim2}{0.8}$
牛蹄塘组	$\dfrac{16\sim78}{48.3}$	$\dfrac{8\sim61}{34.8}$	$\dfrac{0\sim55}{6.2}$	$\dfrac{0\sim22}{8.4}$	$\dfrac{0\sim10}{2}$
五峰组—龙马溪组	$\dfrac{4\sim80}{41.1}$	$\dfrac{16\sim85}{41.1}$	$\dfrac{0\sim10}{1.3}$	$\dfrac{0\sim25}{9.1}$	$\dfrac{0\sim10}{1.3}$
下古生界	$\dfrac{4\sim80}{44.5}$	$\dfrac{8\sim85}{38.2}$	$\dfrac{0\sim55}{6.9}$	$\dfrac{0\sim25}{8.7}$	$\dfrac{0\sim10}{1.6}$

注：$\dfrac{10\sim54}{32.6}$ 表示 $\dfrac{最小值\sim最大值}{平均值}$。

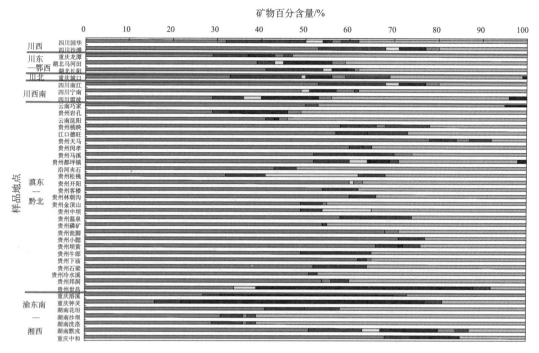

图 3-23　川渝黔鄂地区下寒武统黑色页岩矿物含量变化图

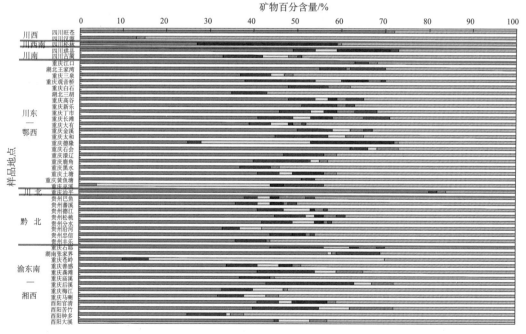

图 3-24　川渝黔鄂地区上奥陶统—下志留统黑色页岩矿物含量变化图

1. 石英

石英含量的多寡影响着页岩的含气性，随石英含量的增加，黑色页岩的吸附气含量逐渐增加。川渝黔鄂地区下寒武统和上奥陶统—下志留统两套黑色页岩主要为浅-深海陆棚沉积（梁狄刚等，2009），少量为热水沉积，沉积水深比较大，距物源较远，在远离海岸的沉积环境，陆源碎屑、碳酸盐岩台地流入物与表层水浮游生物体含量都十分稀少的情况下，岩石主要由海水中缓慢沉降的 SiO_2 形成，主要为硅质岩沉积，越靠近深海，硅质含量越高，泥质含量越低，石英含量高。这种沉积环境有利于有机质的富集，硅质含量和有机碳含量呈正相关关系，即石英含量和有机碳含量呈正比例关系，随石英含量的增加，有机碳含量逐渐增加，而有机碳含量和吸附气含量呈正比例关系，因此，石英含量与吸附气含量也呈很好的正相关关系（图 3-25，图 3-26）。

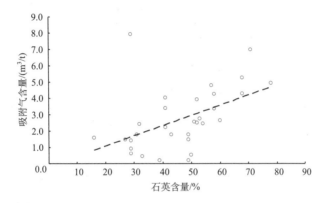

图 3-25　石英含量和吸附气含量的关系

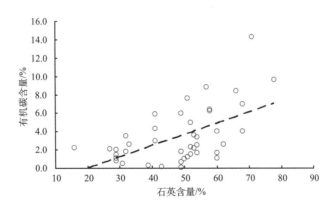

图 3-26　石英含量和有机碳含量的关系

2. 黏土矿物

页岩中常见的黏土矿物主要有高岭石、伊利石、绿泥石、伊/蒙混层。福特沃斯盆地 Barnett 页岩中主要产气段黏土矿物以伊/蒙混层（0%～100%，平均为 66.19%）和伊利石

（0%～00%，平均为29.91%）为主，次生矿物为高岭石（0%～20%，平均为2.41%）和绿泥石（0%～13%，平均为 3.5%），不含蒙脱石（图 3-27）。川渝黔鄂地区下古生界两套黑色页岩中的黏土矿物以伊利石（11%～91%，平均为58.4%）和伊/蒙混层（5%～87%，平均为31.14%）为主，含少量的高岭石（0%～65%，平均为2.3%）和绿泥石（0%～29%，平均为8.16%），不含蒙脱石。其中下寒武统牛蹄塘组黑色页岩中的伊利石和高岭石均比上奥陶统五峰组—下志留统龙马溪组略高，而绿泥石和伊/蒙混层含量相对较低（表3-3，图3-28，图3-29）。

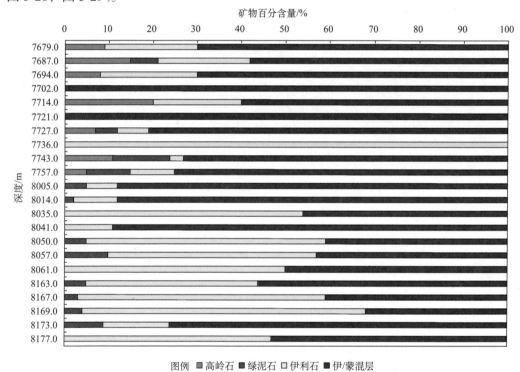

图 3-27 Barnett 页岩地层不同深度岩心样品黏土矿物含量百分图（Lee and Sidle，2010）

表 3-3 川渝黔鄂地区下古生界黑色页岩黏土矿物组成 （单位：%）

层位	高岭石	绿泥石	伊利石	伊/蒙混层
Barnett 页岩	$\dfrac{0\sim20}{2.41}$	$\dfrac{0\sim13}{3.5}$	$\dfrac{0\sim100}{29.91}$	$\dfrac{0\sim100}{66.19}$
牛蹄塘组	$\dfrac{0\sim65}{4.47}$	$\dfrac{0\sim29}{6.07}$	$\dfrac{26\sim91}{63.43}$	$\dfrac{5\sim63}{26.02}$
五峰组—龙马溪组	$\dfrac{0\sim9}{0.4}$	$\dfrac{1\sim25}{9.98}$	$\dfrac{11\sim81}{54}$	$\dfrac{17\sim87}{35.63}$
下古生界	$\dfrac{0\sim65}{2.3}$	$\dfrac{0\sim29}{8.16}$	$\dfrac{11\sim91}{58.4}$	$\dfrac{5\sim87}{31.14}$

注：$\dfrac{0\sim20}{2.41}$ 表示 $\dfrac{最小值\sim最大值}{平均值}$。

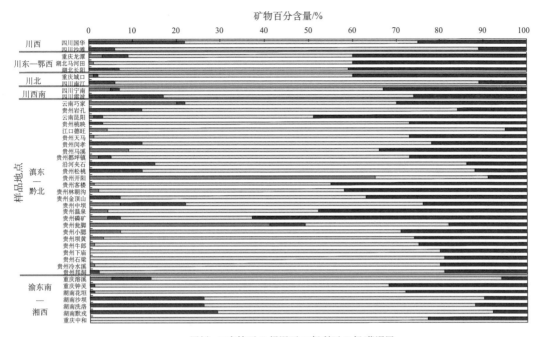

图 3-28　川渝黔鄂地区下寒武统黑色页岩黏土矿物含量变化图

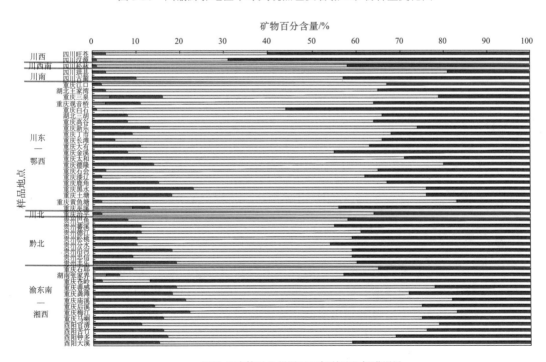

图 3-29　川渝黔鄂地区上奥陶统—下志留统黑色页岩黏土矿物含量变化图

虽然理论上各种黏土矿物含量控制着页岩气的吸附气含量（Warlick，2006）（主要是因为伊利石的铝酸盐矿物的微孔有吸附天然气的能力），但是，研究区的实验样品分析表明，黏土矿物总量和吸附气含量的关系不明显，二者呈负相关关系（图 3-30）。主要是由于有机碳含量和吸附气含量呈很强的正相关关系，而有机碳含量和黏土矿物含量呈很强的负相关关系（图 3-31），决定了吸附气含量和黏土矿物含量呈负相关关系。

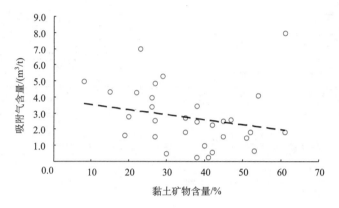

图 3-30　黏土矿物含量和吸附气含量的关系

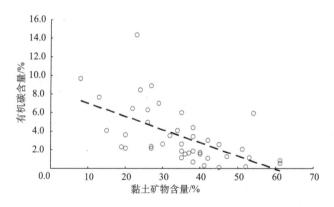

图 3-31　有机碳含量和黏土矿物含量的关系

3. 碳酸盐矿物

川渝黔鄂地区的碳酸盐矿物主要包括方解石和白云石，为了统计方便，将二者一起统称为碳酸盐矿物。随碳酸盐矿物含量的增加，吸附气含量逐渐下降（图 3-32）。究其原因，有机碳含量是页岩吸附气含量的主要影响因素，而随着有机碳含量的增加碳酸盐矿物含量减少（图 3-33），由于有机碳含量和吸附气含量有很强的正相关关系，随着碳酸盐矿物含量的增加吸附气含量逐渐减少，二者表现为负相关关系。此外，碳酸盐矿物一般多以胶结物的形式出现，充填了微裂缝和微孔隙，降低了页岩供天然气吸附的颗粒比表面积，这也是影响页岩吸附气含量的另一个原因。

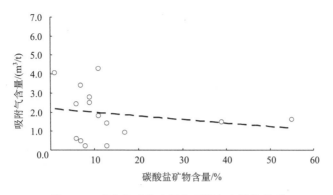

图 3-32 碳酸盐矿物含量和吸附气含量的关系

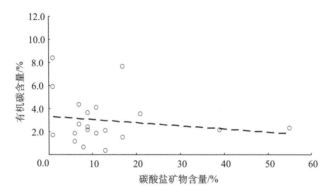

图 3-33 碳酸盐矿物含量和有机碳含量的关系

4. 黄铁矿

原生黄铁矿是强还原沉积环境的重要标志矿物，指示了页岩当时的沉积环境有利于有机质的保存。实验统计结果表明，黄铁矿含量和吸附气含量呈正相关关系（图 3-34），这主要是因为黄铁矿含量和有机碳含量呈很好的正相关关系（图 3-35），而有机碳含量

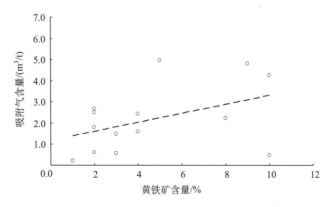

图 3-34 黄铁矿含量和吸附气含量的关系

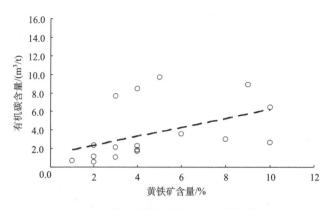

图 3-35　有机碳含量和黄铁矿含量的关系

又是影响吸附气含量的重要因素，所以黄铁矿含量和吸附气含量同样呈正相关关系。美国肯塔基州伊利诺斯盆地根据岩心中铁离子的含量变化预测气体大量聚集的有利区（Ross and Bustin，2008）。因此，可以根据黄铁矿的富集程度来预测页岩的沉积环境、有机碳含量及页岩含气有利区。

　　综上所述，下寒武统牛蹄塘组黑色页岩石英和碳酸盐等脆性矿物含量高于上奥陶统五峰组—下志留统龙马溪组，黏土矿物含量低于上奥陶统五峰组—下志留统龙马溪组，两套页岩岩矿差异受岩相古地理控制，总体反映为晚奥陶世—早志留世时期沉积水体较早寒武世浅；页岩矿物组成也是影响页岩吸附气含量的主要因素之一，其中石英含量和黄铁矿含量是页岩吸附气含量的主要影响参数。从岩矿组成来看，下寒武统牛蹄塘组黑色页岩较上奥陶统五峰组—下志留统龙马溪组聚集条件略好。

3.2.2　物性指标

　　在常规油气储层研究中，物性指标是储层评价的主要参数，这对于非常规页岩气藏同样适用。页岩的物性指标主要包括孔隙度、渗透率、湿度、厚度、密度等，这些均影响页岩的含气量。

1. 孔隙

　　页岩作为一种低孔低渗储层，页岩气生产机制非常复杂，涉及吸附气含量与游离气含量、天然微裂缝与压裂诱导缝系统之间的相互关系。页岩气产量的高低直接与泥页岩内部天然微裂缝的发育程度有关，这说明微裂缝的存在在某种程度上提高了水力压裂效应的有效性，从而极大地改善了泥页岩的渗流能力，为页岩气从基岩孔隙进入井孔提供了必要的运移通道（Curtis，2002；Montgomery et al.，2005；Bowker，2007）。同时，泥页岩中的小孔洞、微裂缝和纳米级微孔隙也是页岩气的重要聚集空间。页岩气除了以吸附态赋存于岩石颗粒和有机质表面外，还以游离态赋存于微小的孔隙之中（Curtis，2002；

张金川等，2004）。例如，Bowker（2007）在福特沃斯盆地 Barnett 页岩研究中认为，页岩气藏中大型天然开启裂缝非常发育的区域天然气产量往往很低，高产井基本上都分布在含气量高且人工压裂改造响应效果较好的页岩区。

　　1）孔隙类型及主要影响因素

　　泥页岩主要存在裂缝和基质孔隙两种孔隙类型，其中裂缝包括构造缝（张性构造缝、剪性构造缝和挤压性构造缝）、成岩缝（层间页理缝、层面滑移缝、溶蚀缝和成岩收缩缝）和有机质演化异常压力缝。基质孔隙包括有机质微孔隙、矿物质孔（残余粒间孔和粒间溶蚀孔）、有机质和矿物间孔隙。控制孔隙形成的地质因素复杂，主要有区域构造应力、构造部位、沉积成岩作用、变质程度、矿物组成（岩性、岩相和物性等）、地层压力及显微组分等，其中矿物组成和显微组分是控制孔隙发育的基础，构造作用是影响孔隙形成的关键因素，沉积成岩作用对非构造缝的形成起控制作用（表 3-4）。

表 3-4　页岩孔隙成因分类及发育特征

类　型		亚　类	发育特征	主要影响因素
裂缝	构造缝	张性构造缝	缝面粗糙不平整，倾角、宽度和长度变化较大，完全充填或部分充填	拉张应力作用
		剪性构造缝	缝面平滑，产状较稳定，闭合不开启，充填物较薄	剪切应力作用
		挤压性构造缝	密度较大且以多组系杂乱分布，产状变化较大，多数被完全充填或部分充填	挤压应力综合作用
	成岩缝	层间页理缝	多数被充填，一端与高角度张性构造缝连通	沉积成岩、构造作用
		层面滑移缝	平整、光滑或具有划痕、阶步的面，且在地下不易闭合	构造、沉积成岩作用
		溶蚀缝	多平行于岩石层面发育	沉积成岩作用
		成岩收缩缝	连通性好，张开度变化较大，部分被充填	沉积成岩作用
	有机质演化异常压力缝		缝面不规则，不成组系，多充填有机质	变质程度、有机质演化局部异常压力作用
基质孔隙	有机质微孔隙		无规律分布，孔径一般只有几微米，甚至为纳米级	显微组分、变质程度
	矿物质孔	残余粒间孔	近三角状分布于粒间，有时也沿矿物晶体显长条状分布	沉积成岩作用、变质程度
		粒间溶蚀孔	形态各异，多显小蜂窝状密集分布，孔径极不均匀	沉积成岩作用、变质程度
	有机质和矿物间孔隙		与有机质微孔隙相伴生，孔径较小	显微组分、变质程度

　　在野外露头和井下岩心观察中均发现，研究区下古生界两套黑色页岩天然裂缝十分发育，以上所述泥页岩的孔隙类型都有发现。野外实测剖面考察也发现了大量的天然张开缝、风化的页岩破碎带、X 剪节理、沉积间断不整合面和方解石脉充填的早期挤压缝。在钻井岩心中也发现了十分发育的高角度微裂缝（图 3-36），指示该区页岩易于发生脆性裂缝。电子显微特征显示，研究区泥页岩中存在大量的微小孔洞和裂隙，且呈蜂窝状分布，孔隙直径一般为 0.1~0.8μm（图 3-37）。有机碳含量高的黑色泥页岩在高演化阶段由于有机质发生热解膨胀作用，在有机物质内部及周围形成大量的纳米级微孔隙

（图 3-38），在川南地区下古生界高成熟页岩薄片中发现了大量密集的有机质演化、粒间孔、粒内孔等纳米级微孔隙。研究认为，有机质发生热解形成的这些纳米级微孔隙数量大、分布密集，可能是深层热成因页岩气藏游离气的另一个主要储集空间。

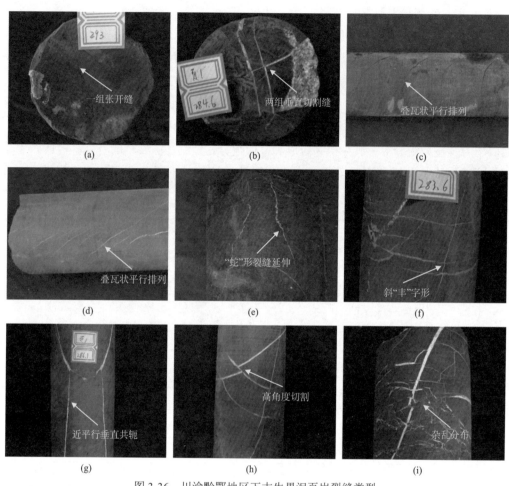

图 3-36 川渝黔鄂地区下古生界泥页岩裂缝类型

(a) 重庆市石柱县马武镇筇竹寺组页岩显微特征　　(b) 重庆市彭水县连湖镇龙马溪组页岩显微特征

图 3-37 川渝黔鄂地区下古生界黑色页岩显微特征

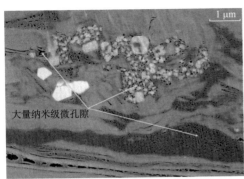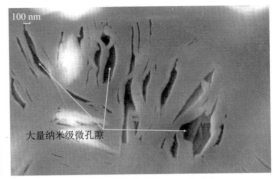

图 3-38 川渝黔鄂地区下古生界黑色页岩显微特征（据邹才能等，2010，修改）

2）孔隙孔喉分布特征

川渝黔鄂地区下寒武统黑色页岩孔喉直径均值分布在 0.02～0.36μm，平均为 0.072μm（图 3-39），上奥陶统—下志留统孔喉直径均值分布在 0.02～0.16μm，平均为 0.059μm（图 3-40）。从孔隙度、渗透率和孔喉直径均值关系图可以看出，研究区下古生界黑色页岩孔隙度、渗透率和孔喉直径均值之间的关系不明显（图 3-41，图 3-42），也就是说，由于两套黑色页岩本身的孔喉直径均值的平均值太小，总体主要分布在 0.1μm 以下，对孔隙度和渗透率的贡献不是很大。

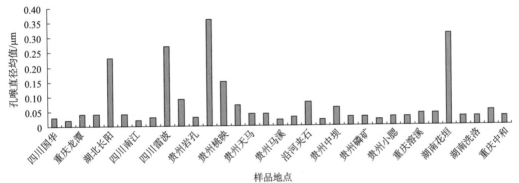

图 3-39 川渝黔鄂地区下寒武统黑色页岩孔喉直径均值分布

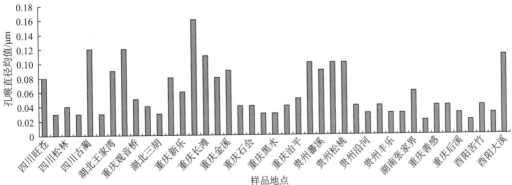

图 3-40 川渝黔鄂地区上奥陶统—下志留统黑色页岩孔喉直径均值分布

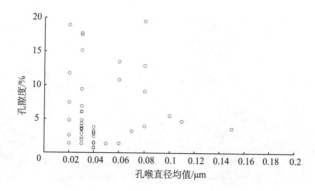

图 3-41　川渝黔鄂地区下古生界页岩孔喉直径均值和孔隙度关系

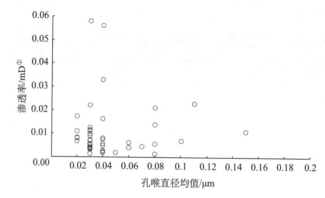

图 3-42　川渝黔鄂地区下古生界页岩孔喉直径均值和渗透率关系

　　川渝黔鄂地区黑色页岩的孔喉半径分布区间主要为 0.00～0.10μm，下寒武统和上奥陶统—下志留统样品在此区间的分布频率分别为 88.51% 和 89.9%；其次是 0.10～0.16μm，下寒武统和上奥陶统—下志留统样品的分布频率分别为 2.3% 和 1.83%；在区间 0.16～0.25μm，下寒武统和上奥陶统—下志留统样品的分布频率分别为 1.51% 和 1.18%；在区间 0.25～0.40μm，下寒武统和上奥陶统—下志留统样品的分布频率分别为 1.14% 和 0.95%；分布在大于 0.40μm 区间的样品很少，下寒武统和上奥陶统—下志留统样品的分布频率分别为 5.09% 和 4.71%（图 3-43）。

2. 孔隙度和渗透率

　　页岩主由各种黏土矿物、碎屑矿物和非碎屑矿物及有机质组成，具有很强的非均质性，而泥页岩看上去似乎是均质的、致密的和无法渗透的，常被看作常规油气的烃源岩和盖层进行研究。但是在显微镜和扫描电镜下可以观察到，泥页岩是由不同大小的孔隙、孔喉、晶洞和裂缝组成的复杂的多孔系统，具有网格状有限连通的特征（李明诚，2004）。

---

① 1D=0.986923 × 10^{-12}m²。

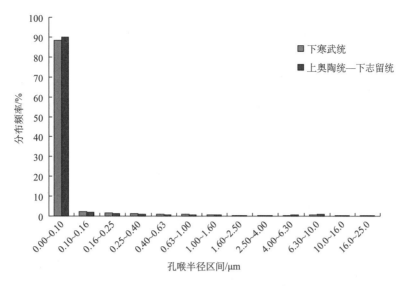

图 3-43　川渝黔鄂地区下古生界黑色页岩孔喉半径分布频率

在非常规油气研究中，这些孔隙是该类油气藏的主要储集空间，在页岩气聚集过程中，这些孔隙含有大量游离态的天然气，孔隙度的大小直接控制着游离态天然气的含量。例如，在阿巴拉契亚盆地 Ohio 页岩和密执安盆地 Antrim 页岩中，局部孔隙度可高达到 15%，游离气体积占孔隙总体积的 50%（Hill et al.，2002）。渗透率是一个判断页岩气聚集是否具有经济价值的重要参数，页岩的基质渗透率非常低，一般小于 0.01D，甚至为毫达西级，平均孔喉半径不到 0.005μm（大约是甲烷分子半径的 50 倍）（Bowker，2007），但随着裂缝的发育而大大提高。然而，气井要以一定的速度生产天然气所需的渗透率要比在岩心中测得的值大很多。储层"总"渗透率和储层中天然裂缝系统一致，其通常通过测井和生产数据分析来确定。由于页岩的渗透率低，需要发育大量的裂缝（人工压裂）来维持商业生产。

1）孔隙度

川渝黔鄂地区下寒武统黑色页岩孔隙度在 0.7%～25.6%，平均为 6.96%。从全部样品的分布频率上看，孔隙度小于 2% 的样品占全部样品的 16.1%，分布在 2%～7% 的样品占全部样品的 48.4%，分布在 7%～10% 的样品占全部样品的 6.5%，大于 10% 的样品占全部样品的 29%（这部分值可能和所取样品有关，因为有些样品风化较严重，经过和样品对比可知，该部分值的确是样品风化所致）（图 3-44）。

在平面上，孔隙度高值区主要分布在川南的自贡—泸州—宜宾、黔北的毕节、鄂西的利川—恩施—咸丰地区，孔隙度基本大于 5%，次高值区主要为黔北的德江、遵义和川北的南江、城口地区，孔隙度基体超过 4%。孔隙度高值区和高有机碳含量页岩发育区有较好的对应关系（图 3-45）。

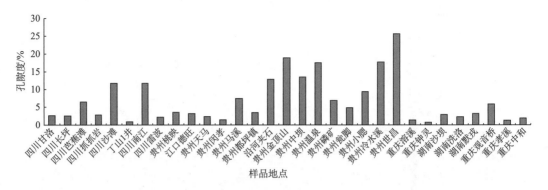

图 3-44　川渝黔鄂地区下寒武统主要样品点孔隙度

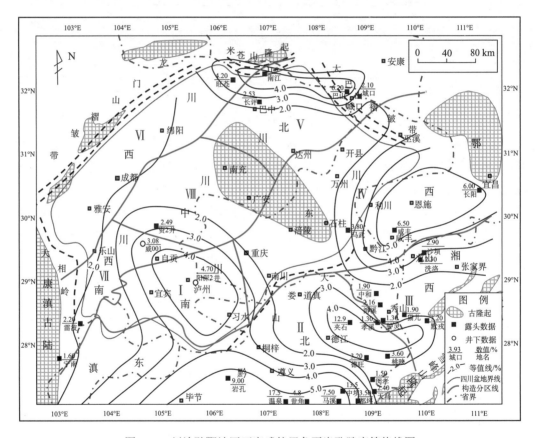

图 3-45　川渝黔鄂地区下寒武统黑色页岩孔隙度等值线图

川渝黔鄂地区上奥陶统—下志留统黑色页岩孔隙度在0.77%～19.5%，平均为5.05%。从全部样品的分布频率上看，孔隙度小于 2%的样品占全部样品的 13.9%，分布在 2%～7%的样品占全部样品的 69.4%，分布在 7%～10%的样品占全部样品的 5.6%，大于10%的样品占全部样品的 11.1%（图 3-46）。

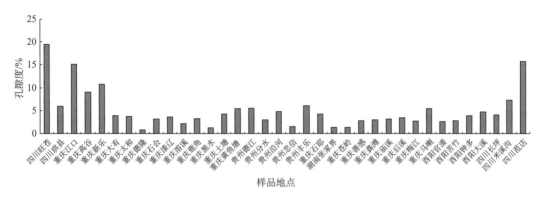

图 3-46　川渝黔鄂地区上奥陶统—下志留统主要样品点孔隙度

在平面上，孔隙度高值区主要分布在川南的自贡—泸州—宜宾、黔北的德江、渝东—鄂西的利川—恩施—咸丰地区，孔隙度基本大于 5%；次高值区主要分布在渝东南的酉阳—秀山地区，孔隙度均超过 3%。孔隙度高值区和高有机碳含量页岩发育区也呈一定的对应关系（图 3-47）。

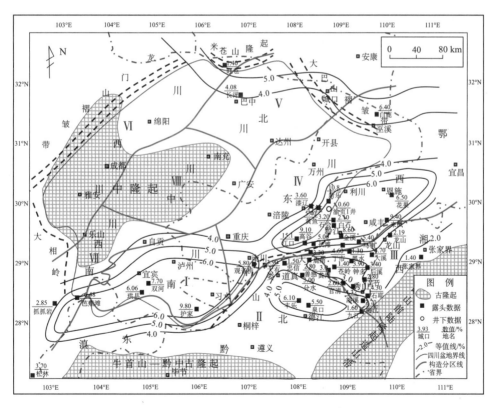

图 3-47　川渝黔鄂地区上奥陶统—下志留统黑色页岩孔隙度等值线图

综合分析，川渝黔鄂地区下古生界两套黑色页岩的孔隙度主要分布在 2%～7%。影响孔隙度大小的因素很多，包括骨架颗粒粒度、有机质含量、黏土矿物含量、溶蚀性成岩作用等多种因素。通过对孔隙度与石英含量、碳酸盐矿物含量及有机质含量的相关性分析发现，孔隙度和石英含量呈正相关关系（图 3-48），孔隙度和碳酸盐矿物含量呈负相关关系（图 3-49），孔隙度和有机碳含量呈正相关关系（图 3-50）。页岩在原始沉积时，孔隙度很大，而在后期的埋藏压实、成岩等作用过程中，孔隙度不断变小。而石英为刚性矿物，抗压能力较强，所以随着页岩中石英含量的增大其原始孔隙保存越好。碳酸盐矿物主要是在页岩沉积后期演化过程中形成的，还是以方解石和白云石为主，而方解石为页岩原生孔隙和裂缝中的主要充填物，因此，其降低了页岩的孔隙度。近年来的研究发现，研究区下古生界两套页岩孔隙度与有机质含量之间存在正相关关系（图 3-45），有机质含量是影响页岩孔隙度的另一个重要因素。有机质纳米级孔隙的形成是提高页岩储层孔隙度的重要组成部分。根据美国学者 Wang 和 Reed（2009）研究结果，Barnett、Marcelus、Haynesville 三大页岩有机质内的孔隙占总孔隙的比例为 12%～30%，其中 Barnett 页岩有机质孔隙占总孔隙的比例为 30%（有机碳含量=5%的样品），Marcelus 页岩有机质孔隙占总孔隙的比例为 28%（有机碳含量=6%的样品），Haynesville 有机质孔隙占总孔隙的比例为 12%（有机碳含量=3.5%的样品）。

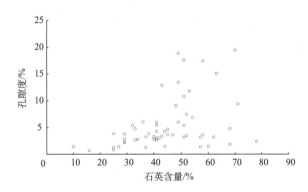

图 3-48　川渝黔鄂地区下古生界页岩孔隙度和石英含量的关系

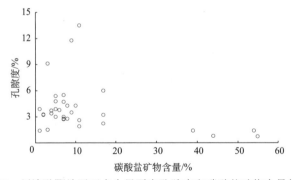

图 3-49　川渝黔鄂地区下古生界页岩孔隙度和碳酸盐矿物含量的关系

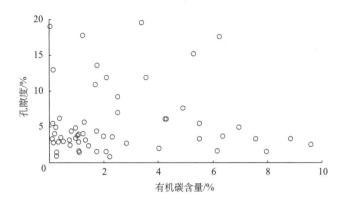

图 3-50　川渝黔鄂地区下古生界页岩孔隙度和有机碳含量的关系

2）渗透率

下寒武统黑色页岩渗透率主要分布在 0.0018～0.056mD，平均为 0.0102mD，大部分样品的渗透率小于 0.01mD。渗透率小于 0.005mD 的样品占全部样品的 30.4%，渗透率分布在 0.005～0.01mD 的样品占全部样品的 30.4%，渗透率小于 0.01mD 的样品占全部样品的 60.8%，渗透率分布在 0.01～0.05mD 的样品占全部样品的 30.4%，渗透率分布在 0.05～0.1mD 的样品占全部样品的 8.8%，没有大于 0.1mD 的样品（图 3-51）。

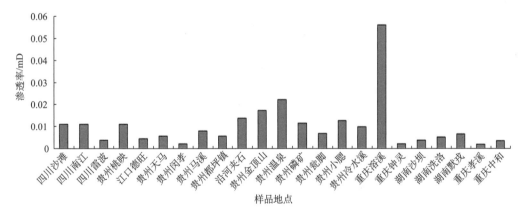

图 3-51　川渝黔鄂地区下寒武统主要样品点渗透率

上奥陶统—下志留统黑色页岩渗透率主要分布在 0.0013～0.058mD，平均为 0.0102mD，大部分样品的渗透率小于 0.01mD。渗透率小于 0.005mD 的样品占全部样品的 31.3%，渗透率分布在 0.005～0.01mD 的样品占全部样品的 40.6%，渗透率小于 0.01mD 的样品占全部样品的 71.9%，渗透率分布在 0.01～0.05mD 的样品占全部样品的 21.8%，渗透率分布在 0.05～0.1mD 的样品占全部样品的 6.3%，没有大于 0.1mD 的样品（图 3-52）。

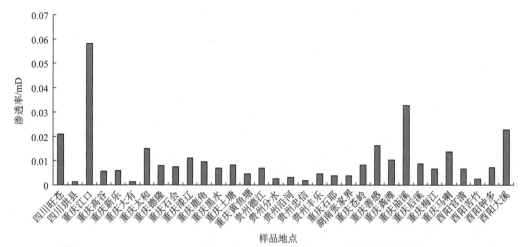

图 3-52　川渝黔鄂地区上奥陶统—下志留统主要样品点渗透率

　　综合分析，川渝黔鄂地区下古生界两套黑色页岩渗透率主要分布在小于 0.01mD 的范围，孔隙度和渗透率呈正相关关系，随着孔隙度的增大，渗透率也呈增大趋势（图 3-53 ）。上奥陶统—下志留统的岩石物性要好于下寒武统。

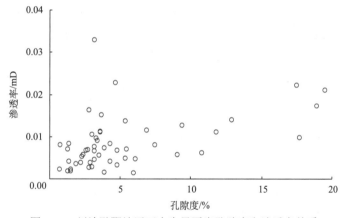

图 3-53　川渝黔鄂地区下古生界页岩孔隙度和渗透率关系

3.2.3　含气量

　　在页岩中，天然气的赋存状态多种多样。天然气除极少量以溶解态赋存以外，大部分均以吸附态赋存于岩石颗粒和有机质表面，或以游离态赋存于孔隙和裂缝之中（张金川等，2004 ）。页岩气藏一个重要的参数就是含气丰度，即单位体积烃源岩生成的气体量（ Montgomery et al., 2005 ）。要获得一个有经济价值的页岩气藏，必须要有足够的原地含气量（ Bowker，2007；聂海宽等，2009 ）。因此，页岩含气量是指导页岩气勘探和资源可采性评价的关键技术参数之一。但准确判断吸附气含量是一项非常艰巨的工作，众多学者在这方面进行了积极的探索。Bowker（2003 ）对福特沃斯盆地东纽瓦克（Newark

East）气田南部约翰逊（Johnson）县雪佛龙（Chevron）所钻的 Mildred Atlas 1 井岩心样本分析罐状解析气表明，在原始气藏条件下（20.69～27.57MPa），Barnett 页岩中吸附气含量为 2.97～3.26m³/t，比早期分析数据（大约 1.13m³/t）（Montgomery et al., 2005）高很多。福特沃斯盆地丹顿（Denton）县 K P Lipscomb 3 井，Barnett 页岩有机碳含量为 5.2%，吸附气含量为 3.40m³/t（Mavor，2003），占天然气总含量的 61%。

渝页 1 井页岩不同深度样品的等温吸附曲线表明，页岩对甲烷的吸附量随着压力的增大而变大，当压力为 0.38MPa 时，吸附气含量为 Langmuir 体积的 4.4%～21.2%，平均为 11.9%；当压力为 10.83MPa 时，吸附气含量为 Langmuir 体积的 56.0%～89.4%，平均为 76.9%；当压力大于 10.83MPa 时，随着压力的增大吸附气含量的增量已经很小。图 3-54 更加清晰地展示了不同深度、不同压力下的吸附气含量的变化规律，吸附气含量在纵向上具有由低到高的旋回性。此外，同一地层不同有机碳含量的页岩其吸附气含量也是不相同的（图 3-55）。因此，有机碳含量和压力都是页岩吸附气含量的重要控制因素。

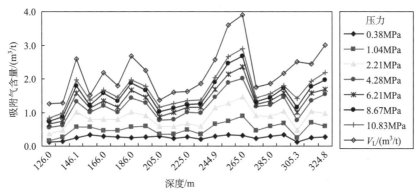

图 3-54　渝页 1 井页岩样品在不同压力下的甲烷吸附量表

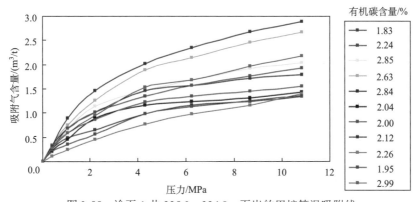

图 3-55　渝页 1 井 225.0～324.8m 页岩的甲烷等温吸附线

为了探讨川渝黔鄂地区下古生界富有机质黑色页岩对天然气的吸附能力，本书采用等温吸附模拟实验，获取页岩在某温度和压力下的最大吸附气含量，由于研究区页岩气勘探程度较低，应用游离气含量资料具有局限性，本书主要应用页岩的最大吸附气量来评价页岩的含气性能。川渝黔鄂地区下寒武统黑色页岩吸附气含量在 0.19～7.91m³/t，平均为 2.75m³/t。其中吸附气含量小于 0.5m³/t 的仅占样品总数的 8.82%，吸附气含量分布在 0.5～1m³/t 的占样品总数的 8.82%，吸附气含量分布在 1～2m³/t 的占样品总数的 23.53%，吸附气含量大于 2m³/t 的占样品总数的 58.83%，吸附气含量大于 4m³/t 的占样品总数的 26.47%（图 3-56）。

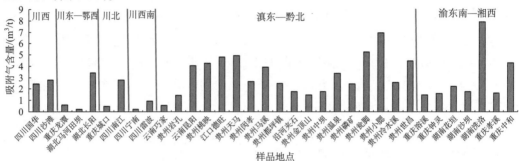

图 3-56　川渝黔鄂地区下寒武统黑色页岩最大吸附气量

在平面上，吸附气含量较好的页岩主要分布在川南的自贡—泸州—宜宾、渝东南的秀山—黔江、鄂西的恩施—咸丰、川北的南江地区，最大吸附气含量基本大于 2%，其中黔北的部分地区吸附气含量大于 3%（图 3-57）。

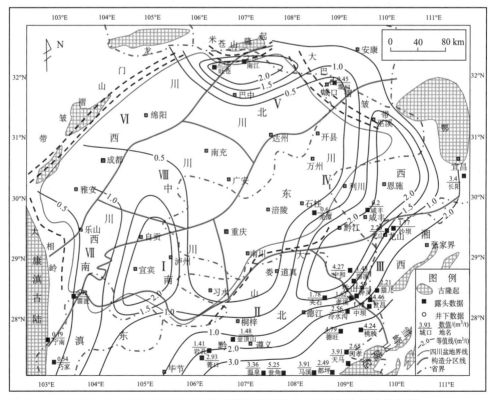

图 3-57　川渝黔鄂地区下寒武统黑色页岩最大吸附气含量等值线图

川渝黔鄂地区上奥陶统—下志留统黑色页岩吸附气含量分布在 0.16～7.11m³/t, 平均为 2.14m³/t。其中吸附气含量小于 0.5m³/t 的仅占样品总数的 6.98%, 吸附气含量分布在 0.5～1m³/t 的占样品总数的 18.6%, 吸附气含量分布在 1～2m³/t 的占样品总数的 41.86%, 吸附气含量大于 2m³/t 的占样品总数的 33.56%, 吸附气含量大于 4m³/t 的占样品总数的 13.95%（图 3-58）。

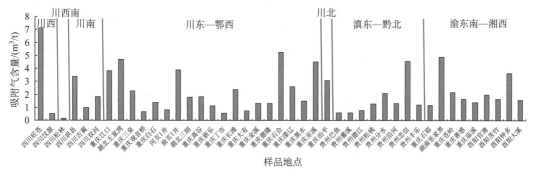

图 3-58　川渝黔鄂地区上奥陶统—下志留统黑色页岩最大吸附气含量

在平面上, 页岩吸附气含量高值区主要分布在川南的泸州—宜宾、黔北的道真、渝东的石柱、湘西的龙山—张家界、鄂西的宜昌、川（渝）北的城口、渝东北的巫溪地区, 最大吸附气含量基本都大于等于 2m³/t（图 3-59）。

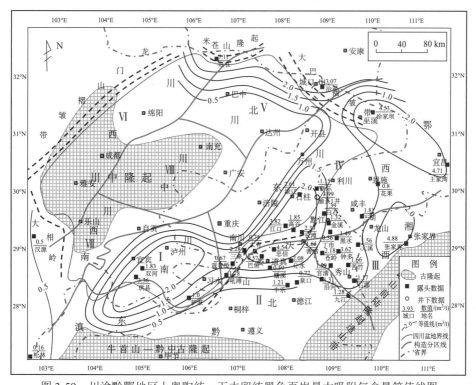

图 3-59　川渝黔鄂地区上奥陶统—下志留统黑色页岩最大吸附气含量等值线图

研究区沉积中心区下古生界两套黑色页岩吸附气含量都很高，平均都大于等于 $2m^3/t$，显示具有较好的吸附性能，与美国 Ohio、New Albany 页岩的吸附气含量相当，具备页岩气成藏的有利条件。此外，吸附气含量高值区和高有机碳含量页岩发育区具有较好的对应关系，这主要是由于页岩有机碳含量是页岩吸附气含量大小的主控因素。

3.2.4 气显异常

在川渝黔鄂地区的老井复查过程中，发现川中地区的资 7 井、资 1 井，川西南地区的威 4 井、威 15 井、威 22 井、威 28 井，黔北地区的方深 1 井等下寒武统页岩段均见气测异常；在川西南地区的威 18 井、威 22 井、威 3 井、威 9 井、威 4 井、威 5 井等也发现下寒武统页岩段均普遍存在气侵及井涌现象。值得一提的是，1966 年钻探的威 5 井，在钻遇 2795～2798m 泥页岩段时发生了气侵和井喷，底部 2795～2798m 段是良好的产气层段，气产量达到 $2.46 \times 10^4 m^3/d$，酸化后产气 $13500m^3$，无水显示。在川南地区完钻的威 201 井气显较好，压裂后在牛蹄塘组和龙马溪组黑色页岩段进行了试采，日产达 $10000m^3$ 以上。从总体的显示井段岩性来看，既有黑色碳质页岩、灰黑色砂质页岩，也有磷灰质页岩、砂质页岩、碳质页岩和粉砂质页岩夹层等。天然气成分以甲烷为主，约为 86.5%，还含有一定量的乙烷和丙烷，同时还有部分氢气、氮气、硫化氢和二氧化碳，具有湿气的特征。虽然川西南威远地区牛蹄塘组富有机质页岩的有机碳含量和有效厚度远不如拗陷区发育，但页岩层段的气显示度较高，说明气显大小和页岩本身的裂缝或基质孔隙的发育程度相关；从气显剖面图上看，部分单井具有多段气显特征，且显示井段位于牛蹄塘组的中下部及下部，这与富有机质（有机碳含量大于 2.0%）黑色页岩位于中下部密切相关（图 3-60）。表明牛蹄塘组页岩气受富有机质有效黑色页岩分布的控制，底部接近灯影组为大段灰岩，可作为封闭层，保存条件较好可能也是气显示率高的重要因素之一。

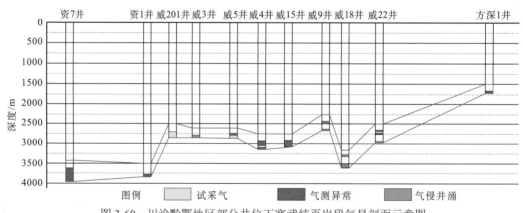

图 3-60 川渝黔鄂地区部分井位下寒武统页岩段气显剖面示意图

上奥陶统—下志留统泥页岩段普遍见到气显示。川西南地区的威 4 井、威 21 井、威 64 井，川南地区的临 7 井、太 15 井、林 1 井、丁山 1 井，川东地区的广参 1 井和建深 1

井（图 3-61），鄂西地区的河页 1 井等上奥陶统—下志留统页岩段均见到气测异常；在川南地区的阳深 2 井、付深 1 井、太 15 井、宫深 1 井、隆 32 井、阳 9 井、太 15 井也均普遍存在气侵及井涌现象，其中阳深 2 井出现多段气侵；对川西南地区的威寒 8 井，川南地区的阳 63 井和隆 32 井，鄂西地区的河 2 井等在上奥陶统—下志留统页岩段进行了试采，其中阳 63 井龙马溪组 3505～3518.5m 黑色页岩段酸化后，产气量为 3500m³/d，隆 32 井在 3164.2～3175.2m 黑色碳质页岩段试采初产气量为 1948m³/d，产量可与美国五大页岩气单井产量相媲美。尤其是川南地区的威 201 井、渝东地区的页岩气探井渝页 1 井、鄂西地区的河页 1 井在钻遇龙马溪组黑色页岩段过程中气显频繁出现，通过现场解吸测试其含气量也同样达到 1m³/t 以上。从其气显剖面图上看，和牛蹄塘组类似，部分单井具有多段气显特征，且显示井段位于中下部及下部，这与富有机质（有机碳含量大于 2.0%）黑色页岩位于中下部密切相关（图 3-62）。表明上奥陶统—下志留统页岩气受富有机质有效黑色页岩分布的控制，当然与上奥陶统五峰组底下整合接触的灰岩段也同样起到了很好的密封保存作用。

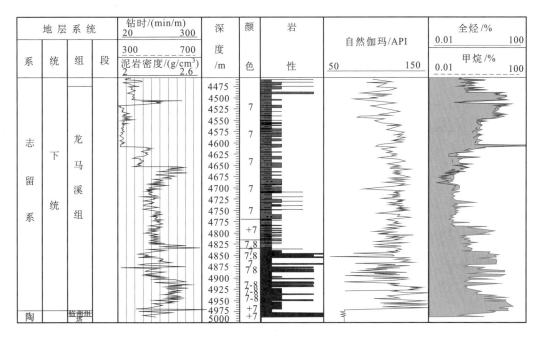

图 3-61　建深 1 井龙马溪组气测异常

从前面的讨论，我们不难发现川渝黔鄂地区，尤其是川西南、川南和鄂西地区下古生界两套泥页岩段有很好的气显现象，但这仅是页岩气显示而已，不能以此显示来判断页岩气藏"甜点"的存在，因为这些显示井大部分只是直井，气显示的仅是以吸附态为主的页岩气，绝大部分的页岩气藏需要经过水平井对储层进行大型压裂改造后才能获得具有商业价值的气流，这是页岩气藏的重要特征。

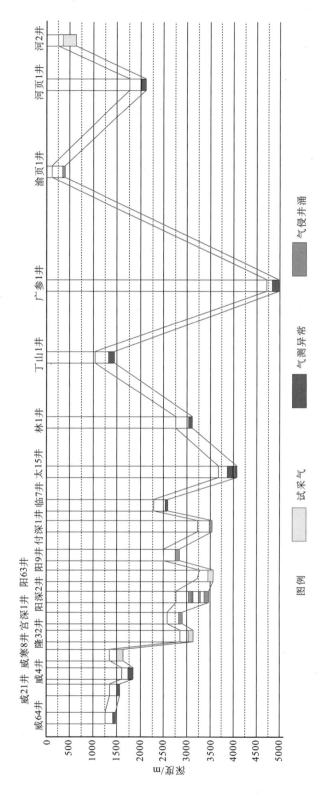

图 3-62 川渝黔鄂地区部分井位上奥陶统—下志留统页岩段气显剖面示意图

3.3 保存条件

页岩气成藏机理研究具有自身的独特性，页岩本身既是源岩又是储集层，它将非常规天然气和常规天然气的运移、聚集和成藏过程联结在了一起，具有最优先的聚集和保存条件（张金川等，2004）。因此，页岩气藏具有较强的抗构造破坏能力，不需要严格要求常规构造圈闭的存在，页岩内部具有工业价值的天然气的聚集具有隐蔽连续性分布特点。致密页岩具有超低的孔隙度和渗透率，自身可作为页岩气藏的盖层，因此页岩体自身可以形成一个封闭不渗漏的储集体，将页岩气封存在页岩层中，相当于常规油气藏中的圈闭。但近年来研究区边缘几口勘探井的失利（页岩段含气量为 $0.17 \sim 0.51 m^3/t$，平均为 $0.33 m^3/t$。其中氮气含量为 95.8%，烃类仅占 0.14%），引起了专家对盆地边缘及外围地区页岩气勘探应考虑页岩气保存条件对页岩含气性的影响的注意。可见，保存条件不仅是常规油气富集的主控制因素，也是致密型气藏形成和富集的关键地质要素。此外，研究区下古生界经历了多期次构造运动的建造与改造，海相层系虽经后期改造，但黑色页岩层系上部整合的巨厚致密碳酸盐岩总体未受明显破坏，为页岩气的保存提供了有利条件。

3.3.1 区域盖层

川渝黔鄂地区发育 3 套区域盖层，即上侏罗统—下白垩统泥岩（厚度>1000m）、中—下三叠统泥岩和膏盐（厚度不超过 800m）、志留系—中下二叠统泥岩（厚度为 300～2000m）（图 3-63）。在四川盆地内部的川西、川西南、川南、川东和川北南部地区，3 套区域盖层发育齐全，区域构造总体较稳定，页岩气的保存条件相对较好。但盆地边缘及外围地区，随着地层的抬升遭受剥蚀，在不同地区 3 套区域盖层保存程度不同，进而导致保存条件存在较大差异。从盆地外围向盆地中间，出露地层逐渐变新，从下古生界的两套海相页岩的区域盖层分布来看，研究区盆地内为页岩气的保存提供了有利条件，但盆地边缘及外围地区经历了多期次构造运动的建造与改造，海相层系遭后期改造破坏，保存条件风险大，但局部地区下古生界两套黑色页岩层系顶部和底部整合的巨厚致密碳酸盐岩总体未受明显破坏，同样为页岩气的保存提供了有利条件，所以其也应引起人们的足够重视。

3.3.2 构造条件

扬子地台的构造演化历经多期次构造活动。自志留系沉积以来，大致经历了加里东、印支、燕山和喜马拉雅 4 次大的构造运动，对扬子地区页岩气的保存条件产生了重大影响（表 3-5）。加里东运动导致扬子区南缘、雪峰—江南隆起、南华、滇东—黔中、川中

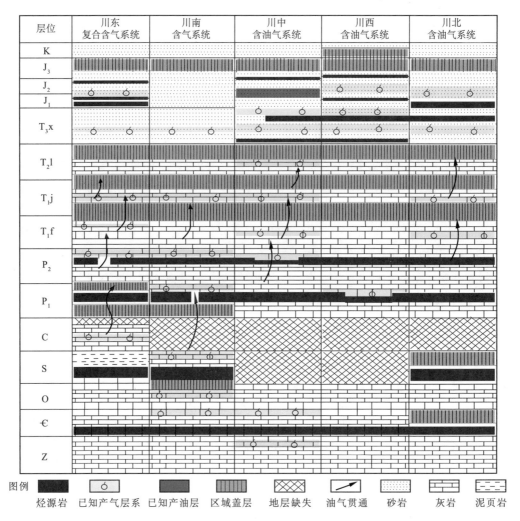

图 3-63　四川盆地含油气系统柱状图（张建和张奇，2002）

表 3-5　扬子地区构造活动对页岩气保存条件的影响

构造活动期次	对保存条件的影响	备注
喜马拉雅运动	形成现今构造格局，产生断裂褶皱推覆、剥蚀	隆起区上侏罗统—下白垩统地层遭受剥蚀
燕山运动	形成断裂褶皱推覆、剥蚀、火山活动	四川盆地外围侏罗系地层破坏严重
印支运动	中三叠统部分遭受剥蚀	结束海相沉积，进入了陆相沉积和陆内改造阶段，研究区普遍褶皱隆升
加里东运动	志留系剥蚀	扬子区南缘、雪峰—江南隆起、南华、滇东—黔中、川中等区志留系剥蚀殆尽

等区志留系剥蚀殆尽；印支运动仅导致中三叠统部分遭受剥蚀；而燕山运动在川渝黔鄂地区形成了广泛的断裂褶皱推覆、剥蚀和火山活动，对四川盆地外围侏罗系地层破坏严

重；喜马拉雅运动使其形成了现今构造格局，产生大规模断裂褶皱推覆，使隆起区上侏罗统—下白垩统地层遭受剥蚀。由上述分析可知，燕山期以来持续沉降的地区页岩气保存条件相对较好，如四川盆地内大部分地区，而盆地外围地区，如褶皱区页岩气保存条件风险相对较大。

3.3.3　水文地质条件

研究地层中水文指标的变化是分析油气保存条件的有效手段，国内外学者在此领域做过大量工作。根据矿化度、氯离子含量、变质系数、脱硫系数和水型等指标可将地下水进行垂直化学分带，共划分为自由交替、交替阻滞、交替停滞 3 个带（聂海宽等，2012），其页岩气保存条件自上而下由差变好。钻探成功的区块，钻探目的层一般处于地下水交替阻滞带，其矿化度一般在 18000mg/L 以上，水型主要为 $CaCl_2$、$MgCl_2$、Na_2SO_4，变质系数和脱硫系数低，形成阻滞带的地质条件是区域盖层保存完整、断裂不发育，如渝东—鄂西地区的建南气田等。因此，地下水处于交替阻滞带的地区也应是对页岩气保存有利的地区。

第4章

页岩气资源潜力

4.1 资源计算方法

4.1.1 离散单元划分法

1. 页岩含气量的非均质性

泥页岩为水体稳定环境下的沉积产物，多数情况下，在垂向上和平面上，页岩层厚度、密度等宏观特性不会发生突变，但页岩地球化学特征、物性等微观特征的变化要复杂得多，且在地层条件下页岩气无法在页岩储层内部发生显著流动，使得页岩含气量具有明显的非均质性，从而影响页岩气资源丰度。通常从井点出发才能控制页岩含气量的变化。基于该原理，本书提出了井控分块、单元划分、参数类比、离散累加的方法计算资源量。

2. 井控单元

常规油气聚集在圈闭中，在一定的面积内具有统一的压力系统和油气水界面，边界明确，流体在含油气储层中可以连通并流动，圈闭及其中的流体可看作一个整体，因此单一圈闭中的油气藏是常规油气资源评价的最小单元。

页岩气聚集机理不同，页岩本身既是源岩又是储层，本身孔渗物性非常低，地层条件下油气不会在页岩储层内部发生显著流动，只有在人工造缝降压（钻井压裂）后，天然气才会进入裂缝网络中，因此单井能够控制的页岩气资源量是页岩气资源评价的最小单元（图 4-1）。

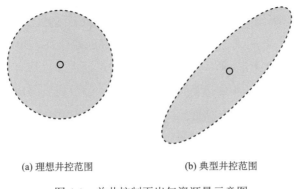

(a) 理想井控范围   (b) 典型井控范围

图 4-1　单井控制页岩气资源量示意图

井控单元面积主要由页岩储层特征、流体（页岩油、页岩气）特征、垂直井或水平井类型、单井或复合水平井组合、压裂和其他技术决定。

在资源量评价阶段，"井"并不一定是指开发井，也可以是调查井或探井，是指具有实测含气量数据，且具有钻井、岩心、实验测试资料等数据资料的井点，可获得资源量计算可靠参数的井点位置，实际上可将其看作资料井。

3. 离散单元划分

在评价地质单元内，依据井控单元外围的页岩特征变化趋势和规律，将井控单元内页岩含气性特征适当外推或类比，可将评价地质单元划分为 m 个井控单元和 n 个类比单元（图 4-2），划分原则是各单元内部含气性相对稳定，单元之间存在由微相、断裂及微观特征变化造成的含气性差异。以井控单元为刻度区，采用含气量类比或资源丰度类比法，根据井控单元与类比单元页岩气富集条件的相似性来确定类比单元的计算参数。

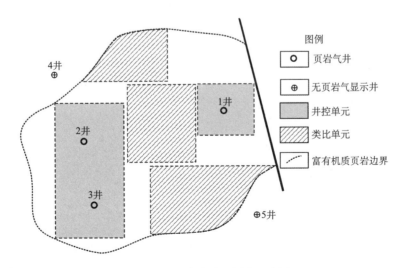

图 4-2　井控离散单元划分示意图

类比适用条件包括评价地质单元已进行过系统的页岩气地质条件研究、井控单元页岩含气量和页岩基础参数明确、类比单元具有页岩基础地质参数和资料。低-中勘探程度区缺少生产动态数据,类比因素以页岩地质参数为主,主要包括有机质类型、有机碳含量、有机质热演化成熟度、厚度、埋深、裂缝等。综合分析后确定相似系数,并进一步评价类比区含气量或资源丰度。

4. 预测方法与步骤

离散单元划分法预测页岩气资源量借鉴了有限元原理,将评价地质单元中连续分布的页岩气资源进行有限数目的单元离散,来获得近似资源量计算值,是一种分析复杂问题的有效思路和强有力的工具,尤其适用于解决类似页岩气这类连续分布、非均质性强的油气聚集问题。

页岩气依附于页岩层系的存在,一般不具有流动性,采用井控分块的原则计算资源量,不影响对页岩气评价单元的整体认识,计算结果可随着井控程度的变化进行及时调整和修正。

常规油气资源评价中,类比法的类比单元是独立和完整的石油地质单元,可以是盆地、凹陷、洼陷、油气系统、运聚单元等。离散单元划分法以含气量资料井为中心,在地质单元内建立了多个井控单元刻度区,类比单元面积一般为井控单元的若干倍,类比单元与井控单元地质背景相似,对比参数少且集中,可与邻近的多个刻度单元参照对比,大大提高了类比法使用的可靠性。

离散单元划分法评价过程的主要步骤如下。

(1)确定地质评价单元界限及面积。根据页岩储层的分布及构造等特征划分。

(2)划分井控单元。主要依据页岩储层特征、流体(页岩油、页岩气)特征、压裂及其他技术、垂直井及水平井技术、单井及复合水平井技术等将井控单元划分为 m 个,确定各单元的面积。

(3)划分类比单元。在缺乏资料井点的区域,依据页岩储层参数的变化特征确定类比单元个数(n)、面积和边界。

(4)计算井控单元资源丰度。依据实测含气量等基础数据,采用体积法原理,计算各井控单元的资源量和资源丰度。

$$E_i = 0.01 \cdot H_i \cdot \rho_i \cdot q_i$$

$$Q_i = A_i \cdot E_i$$

式中,E_i 为 i 单元页岩气资源丰度,$10^8 m^3/km^2$;Q_i 为 i 单元页岩气资源量,$10^8 m^3$;A_i 为 i 单元页岩面积,km^2;H_i 为 i 单元页岩有效厚度,m;ρ_i 为 i 单元页岩密度,t/m^3;q_i 为 i 单元页岩含气量,m^3/t。

(5)计算类比单元资源量。应用类比法,将各类比单元与邻近多个刻度单元参照对比，依据主要参数相似度确定类比单元含气量或资源丰度，进而计算各类比单元的页岩气资源量。

（6）计算评价地质单元页岩气资源量。将井控单元与类比单元页岩气资源量累加即可得到评价区页岩气总资源量。

$$Q=\sum Q_{m+n}$$

式中，Q 为评价区页岩气总资源量，$10^8 m^3$；m 为井控单元个数；n 为类比单元个数。

该方法可应用于页岩气勘探开发的各个阶段，在具有大量的地质、实际生产井及岩石属性特征等数据的基础上，井控单元特征属性更加明确，井点控制法还可以用于页岩气储量计算。

4.1.2　蒙特卡罗法

蒙特卡罗原理能有效描述页岩气资源评价中各地质参数的不确定性，适合页岩气聚集机理的特殊性及我国当前所处的页岩气开发阶段。我国地质条件复杂、页岩气类型多、资料少，而且以静态资料为主；认识程度低，参数非均质性强。因此，应用蒙特卡罗原理解决页岩气资源评价问题是现阶段最科学、最合理的方法。蒙特卡罗法应用在页岩气资源量计算中的优势主要表现在：①能用少量的、反映地质参数变量的随机分布的数据，随机抽样得到大量的、符合分布模型的数据，可很好地反映各项地质参数的变化规律和内在联系；②评价结果也用随机变量的形式表示，较确定的数据更能体现页岩气资源评价中地质参数边界条件的不确定性特征，更切合页岩气资源评价的特殊性，更具科学性和合理性；③在应用中易于推广，可以应用于各种类型、各种地质条件及勘探程度不同的地区。

1. 参数统计条件与方法

地质过程及其产物通常可以看作是地质随机事件，各种地质观测结果具有随机变量的性质。为了克服页岩气评价参数的不确定性，保证评价结果的科学合理性，可以用概率统计的方法对其进行研究，按照参数的概率分布规律和相应的取值原则，对非均一分布的参数进行概率赋值。蒙特卡罗法就是利用不同分布的随机变量的抽样序列，模拟给定问题的概率统计模型，给出问题的渐近估计值的方法。

在计算过程中，需要对参数所代表的地质意义进行分析，所有的参数均可表示为给定条件下事件发生的可能性或条件性概率，表现为不同概率条件下地质过程及计算参数发生的概率可能性。通过对取得的各项参数进行合理性分析，结合评价单元的地质条件和背景特征，确定参数变化规律及分布范围，经统计分析后分别赋予各参数不同的特征概率值，研究其所服从的分布类型、概率密度函数特征及概率分布规律，求得均值、偏差及不同概率条件下的参数值，对不同概率条件下的计算参数进行合理赋值。

根据评价区参数数据量的大小，可以采用不同的方法构造评价参数的分布函数。

1）数据资料充足时

当原始数据数量较多（>30 个）时，可直接用频率统计法求随机变量的分布函数，这样得到的分布函数由于来自实际资料，可靠性较高，又称为经验分布函数。

频率统计法的具体做法如下所述。

（1）在原始数据中找出最大值 $x_{\max}$ 和最小值 $x_{\min}$。

（2）将统计区间划分为 m 个。统计区间的划分应考虑各评价参数的性质和变化特点，且平均落入每个区间的原始数据不少于 3～5 个。

（3）统计落入每个区间的数据的频数，用频数除以原始数据个数 N 便可得到区间的频率，即概率。

（4）由 $x_{\max}$ 一端开始，将区间频率依次累加，即得到 m 个区间的分布函数 $F(x)$。

资源评价中参数的经验分布函数描述的是参数取值大于某值的概率，记为 $F_n(x)$。

记 n_i 为某观测值落入区间（x_i, x_{i+1}）内的频数，f_i 为累加频率，则

$$f_i = \frac{1}{n}\sum_{i=1}^{m} n_i \quad (i=1,2,\cdots,m)$$

经验分布函数为

$$F_n(x) = \begin{cases} 1, & x_1 \leqslant x < x_2 \\ f_2, & x_2 \leqslant x \leqslant x_3 \\ \vdots & \vdots \\ f_m, & x_{m-1} \leqslant x \leqslant x_m \\ 0, & x_m \leqslant x \end{cases}$$

2）数据资料较少时

当原始数据的数量较少，但随机变量大致服从分布模型时，可用分布模型公式计算出随机变量的分布函数。例如，据统计多数资源量计算参数服从正态分布或对数正态分布，则可求出原始数据的均值和标准差后，再将其代入正态分布数学公式中求出其分布函数。

3）数据资料不足时

当原始数据的数量很少又不确定其分布模型时，可用最简单的均匀分布或三角分布来代替随机变量的分布函数。

2. 页岩气地质参数概率密度分布模型

页岩气地质参数主要服从正态分布、对数正态分布、三角分布和均匀分布（图 4-3）。对于多数地质参数，通常采用正态或对数正态分布函数对所获得的参数样本进行数学统计。

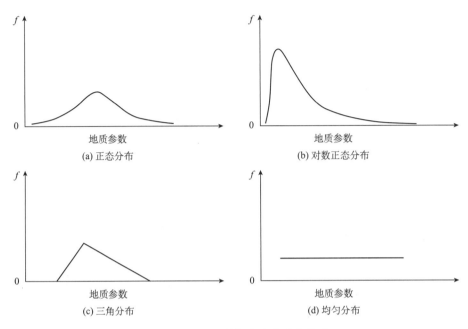

图 4-3　地质参数概率密度分布模型

1）正态分布

正态分布的密度函数为

$$f(x) = \frac{1}{\sigma\sqrt{2\pi}}\exp\left[-\frac{1}{2}\left(\frac{x-\mu}{\sigma}\right)^2\right]$$

式中，μ 为随机变量 x 的平均值；σ 为随机变量 x 的方差。

正态分布的累积分布函数为

$$F(x) = \int_{-\infty}^{x} \frac{1}{\sigma\sqrt{2\pi}}\exp\left[-\frac{1}{2}\left(\frac{t-\mu}{\sigma}\right)^2\right]dt$$

由中心极限定理可知，如果某一随机变量为大量相互独立，且又是相对微小的随机变量的和变量时，则可将其视为正态分布。正态分布反映的是渐变、平稳过程。

2）对数正态分布

对数正态分布的密度函数为

$$f(x) = \begin{cases} \dfrac{1}{\sigma\sqrt{2\pi}}\mathrm{e}^{-\frac{(\ln x - \mu)^2}{2\sigma^2}}, & x > 0 \\ 0, & x \leqslant 0 \end{cases}$$

式中，$\mu = E(\ln x)$；$\sigma^2 = \mathrm{Var}(\ln x)$。

对数正态分布是连续型随机变量在某些地质问题中最常见的一种分布规律，对于对数正态分布的成因，一般认为，某个在许多影响因素综合作用下产生的地质变量 x，当

这些因素对 x 的影响并非都是均匀微小而是个别因素对 x 的影响显著突出时，变量 x 将由于不满足中心极限定量而趋于偏斜。数值的原始状态可能是正态分布，但其在地质过程中经过多次演化且发生了变化，若都按它前一数值的某函数的比例进行计算，则最终将取对数分布。

对数正态分布是介于平稳渐变过程和突变（灾变）过程的中间状态，是一种过渡分布类型。可将其看作众多相互独立的因素中有某个或某些因素起了比较突出的作用，但还未达到可左右全局程度的结果。

3）三角分布

当原始数据只有最小值 a、最大值 c 和介于二者之间的值 b，且不知道随机变量的分布概型时，一般采用三角分布函数。三角分布是一种三角形的连续分布，其概率密度为

$$f(x)=\begin{cases} \dfrac{2(x-a)}{(c-a)(b-a)}, & a \leqslant x \leqslant b \\ \dfrac{2(c-x)}{(c-a)(c-b)}, & b \leqslant x \leqslant c \\ 0, & \text{其他} \end{cases}$$

4）均匀分布

当随机变量的数据只有最小值 a 和最大值 b 时，一般采用最简单的均匀分布来代替随机变量的分布函数。均匀分布是描述随机变量的每一个数值在某一区间 $[a, b]$ 可能发生的连续型概率分布，其概率密度为

$$f(x)=\begin{cases} \dfrac{1}{b-a}, & a < x < b \\ 0, & x \leqslant a \text{或} x \geqslant b \end{cases}$$

一般来说，服从正态分布的地质参数包括有机质中的元素含量、孔隙度、有效厚度等；服从对数正态分布的地质参数主要包括有机碳含量、氯仿沥青 "A"、沉积岩层厚度、渗透率、规模等；服从三角分布的地质参数包括干酪根类型等；服从近似均匀分布的地质参数主要有页岩密度等。

3. 海相页岩参数频率统计特征

我国针对页岩气开展的调查评价工作刚刚起步，泥页岩的分析测试工作正在推进，积累的数据资料还相当有限。为了掌握页岩气资源评价相关参数的分布模型，本书系统搜集整理了我国典型地区海相、陆相暗色泥页岩层系的相关参数，对有效数据个数大于30 的参数观测值进行了频率统计分析（表 4-1）。其中，关键参数页岩总含气量的实测数据获取较困难，精度不高，本书筛选了获取方法相对可靠、精度较好的现场解析获得的总含气量作为有效数据，数据量在 20 个以上，但不足 30 个，频率统计特征较为粗糙，仅可作为下一步深入开展工作的参考基础。海陆过渡相泥页岩层系大部分参数有效数据

较少，在此不作系统对比。

表 4-1 典型地区参数统计有效数据个数

典型地区	层系	类型	有效数据个数						
			有机碳含量	黏土矿物含量	有效厚度	孔隙度	渗透率	岩石密度	含气量
四川盆地及其周缘	下古生界	海相	244	188	<30	80	57	62	25（川南）
鄂尔多斯盆地	中生界	陆相	337	53	32	41	<30	30	<20
渤海湾盆地东濮凹陷	新生界	陆相	993	163	<30	<30	<30	32	<20
松辽盆地	中生界	陆相	<30	<30	66	36	<30	<30	<20
南襄盆地泌阳凹陷	新生界	陆相	140	<30	<30	<30	<30	<30	20
鄂尔多斯盆地	上古生界	海陆过渡相	<30	<30	165	<30	<30	<30	<20

1）有机碳含量

典型地区暗色泥页岩有机碳含量测试数据相对较丰富，频率统计特征清楚可靠。四川盆地及其周缘下古生界海相页岩有机碳含量主体分布在 0.5%～3.5%，频率峰值在 1.5%～2%，有机碳含量在 3.5%～11% 的范围也有出现，但频率较低（图 4-4）。鄂尔多斯盆地中生界陆相页岩有机碳含量频率统计特征较平缓，主体分布在 0%～5%，且频率相差不大，没有明显峰值，反映了其有机碳含量变化范围相对较大（图 4-5）。渤海湾盆

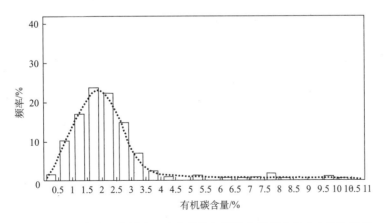

图 4-4　四川盆地及其周缘下古生界海相页岩有机碳含量分布统计特征

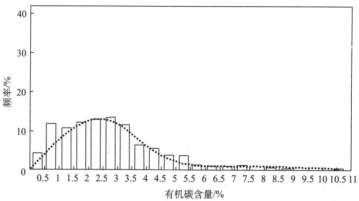

图 4-5 鄂尔多斯盆地中生界陆相页岩有机碳含量分布统计特征

地东濮凹陷断陷湖盆新生界古近系陆相页岩有机碳含量的分布与前两者有较大差别，有机碳含量分布为前峰型，绝大部分有机碳含量集中在 0%～2%，分布在 2%～6% 的值呈拖尾形小概率分布，接近对数正态概率密度分布模型（图 4-6）。南襄盆地泌阳凹陷新生界古近系陆相页岩有机碳含量峰值和分布频率与四川盆地及其周缘下古生界海相页岩相似，但几乎没有统计到有机碳含量大于 4.5% 的数值（图 4-7）。

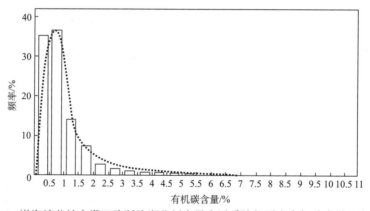

图 4-6 渤海湾盆地东濮凹陷断陷湖盆新生界古近系陆相页岩有机碳含量分布特征

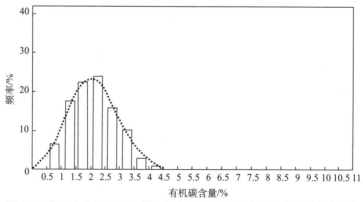

图 4-7 南襄盆地泌阳凹陷新生界古近系陆相页岩有机碳含量分布特征

总体来看，页岩有机碳含量频率统计特征近似服从概率密度正态分布或对数正态分布模型，这与泥页岩的沉积环境和地质过程有关。其中，海盆、拗陷型湖盆等沉积环境泥页岩和有机物的沉积为渐变、平稳的地质过程，其有机碳含量主体接近正态分布；东部典型陆相断陷湖盆泥页岩和有机物沉积速度快，表现为快速变化的动荡地质过程，有机碳含量接近对数正态分布。

2）黏土矿物含量

四川盆地及其周缘下古生界海相页岩、鄂尔多斯盆地中生界陆相页岩及渤海湾盆地东濮凹陷新生界古近系陆相页岩的黏土矿物含量频率统计特征差别不大，分布范围大，20%~70%都有分布，主体分布在25%~60%，无明显主峰，幅度变化平缓。相对来说，海相页岩黏土矿物含量分布稍显偏前峰型，分布在35%~45%的概率稍高（图4-8），陆相页岩黏土矿物含量分布稍显偏后峰型，分布在50%~55%的概率稍高(图4-9，图4-10)。

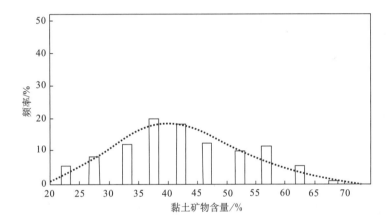

图4-8　四川盆地及其周缘下古生界海相页岩黏土矿物含量分布统计特征

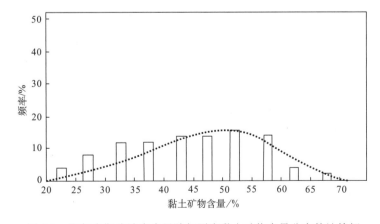

图4-9　鄂尔多斯盆地中生界陆相页岩黏土矿物含量分布统计特征

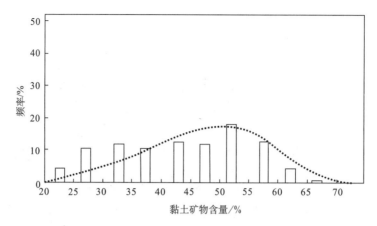

图 4-10　渤海湾盆地东濮凹陷新生界古近系陆相页岩黏土矿物含量分布特征

与常规储层不同的是，原生（沉积时就含有的）黏土矿物是泥页岩的物质组成之一，含量相对较高，成岩过程中矿物转化也能形成次生黏土矿物，但对泥页岩来说，这部分对黏土矿物含量和成分的影响不大，因此本书的统计数据能够反映泥页岩原始沉积状态的黏土矿物含量。

相对来说，沉积速度对泥页岩黏土矿物含量的影响不明显，陆相比海相泥页岩黏土矿物含量稍高。

3）有效厚度

有效厚度是指在富有机质泥页岩层系中（富有机质泥页岩厚度占层系总厚度 60% 以上，夹层厚度小于 2m），具有气测异常、岩心解吸测试或其他含气证据的厚度。

鄂尔多斯盆地和松辽盆地均为拗陷型湖盆，但两者中生界页岩气有效厚度分布统计特征不同。鄂尔多斯盆地中生界页岩气有效厚度频率呈正态分布，频率峰值在 50~60m（图 4-11）；松辽盆地中生界页岩气有效厚度频率近似呈对数正态分布，频率峰值在 10~

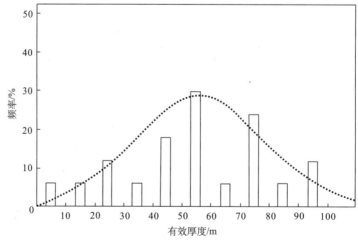

图 4-11　鄂尔多斯盆地中生界陆相页岩有效厚度分布统计特征

20m（图 4-12）。鄂尔多斯盆地上古生界海陆过渡相页岩气有效厚度变化范围较大，频率峰值在 10～20m（图 4-13）。

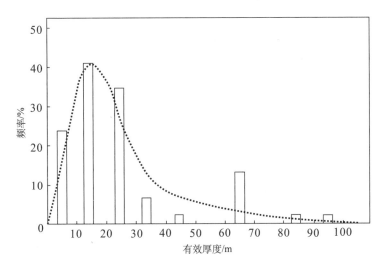

图 4-12　松辽盆地中生界陆相页岩有效厚度分布统计特征

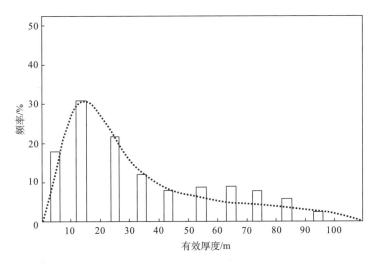

图 4-13　鄂尔多斯盆地上古生界海陆过渡相页岩有效厚度分布统计特征

有效厚度的影响因素较复杂，沉积微相、地球化学特征、流体性质（油、气）等对有效厚度的大小都有重要影响，其变化规律尚难以掌握。

4）孔隙度

泥页岩孔隙度通常在 5% 以下，远小于常规储层和其他类型储层。四川盆地及其周缘下古生界海相页岩和鄂尔多斯盆地中生界陆相页岩孔隙度频率分布特征相似，频率峰值均在 0%～2%（图 4-14，图 4-15），松辽盆地中生界陆相页岩孔隙度频率峰值在 2%～4%（图 4-16）。

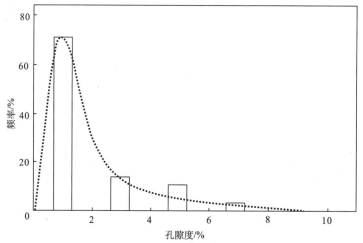

图 4-14　四川盆地及其周缘下古生界海相页岩孔隙度分布统计特征

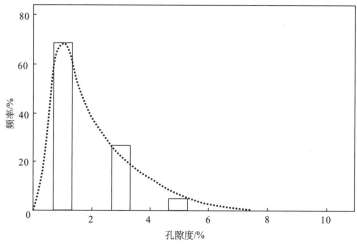

图 4-15　鄂尔多斯盆地中生界陆相页岩孔隙度分布统计特征

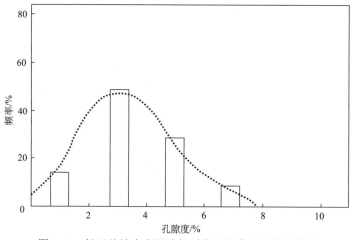

图 4-16　松辽盆地中生界陆相页岩孔隙度分布统计特征

5）渗透率

四川盆地及其周缘下古生界海相页岩渗透率极低，主体在 10^{-3}mD 以下（图 4-17），接近对数正态分布。

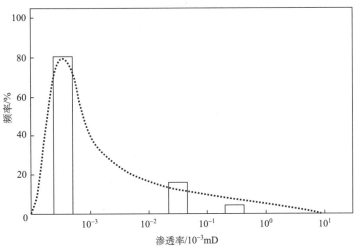

图 4-17　四川盆地及其周缘下古生界海相页岩渗透率分布统计特征

6）页岩密度

页岩密度主要与物质组成和成岩作用有关。从物质组成上来看，海相页岩石英等碎屑矿物含量一般要高于陆相页岩；从成岩演化上来看，地质时代越久远，即从新生界到中生界再到古生界页岩成岩作用依次减弱。在这两方面的综合作用下，四川盆地及其周缘下古生界海相页岩密度、鄂尔多斯盆地中生界陆相页岩密度、渤海湾盆地新生界古近系陆相页岩密度概率峰值分别为 2.6～2.8g/cm^3、2.4～2.6g/cm^3、2.2～2.4g/cm^3，依次降低（图 4-18～图 4-20）。

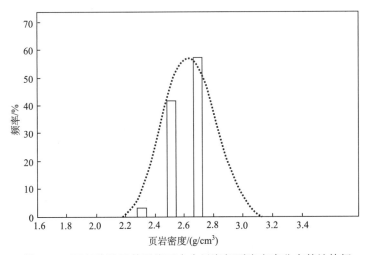

图 4-18　四川盆地及其周缘下古生界海相页岩密度分布统计特征

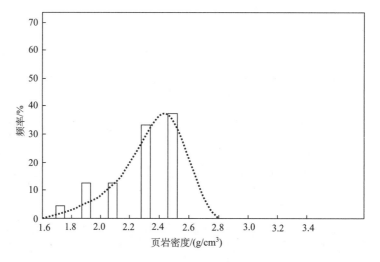

图 4-19　鄂尔多斯盆地中生界陆相页岩密度分布统计特征

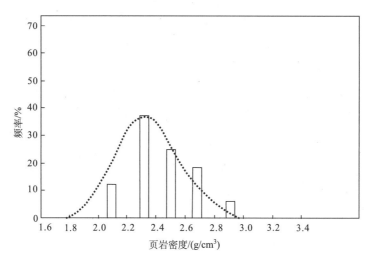

图 4-20　渤海湾盆地新生界古近系陆相页岩密度分布特征

7）含气量

含气量是页岩气资源评价的关键参数，也是勘探开发的基础。含气量的获取方法很多，各种方法获取的含气量数据含义和可靠性程度不同。本书提到的含气量有效数据主要是指应用现场解吸方法获得，并进行了损失气和残余气恢复的总含气量数据。

由于我国目前针对页岩气的取心钻井数量有限，含气量有效数据相对较少。本书获得四川盆地南部下古生界海相页岩和南襄盆地泌阳凹陷新生界古近系陆相页岩含气量有效数据各 20 个左右，统计分析初步表明，四川盆地南部下古生界海相页岩含气量分布范围较大（0～>6.0 m³/t）（图 4-21），南襄盆地泌阳凹陷新生界古近系陆相页岩含气量主体分布在 3.0m³/t 以下（图 4-22）。

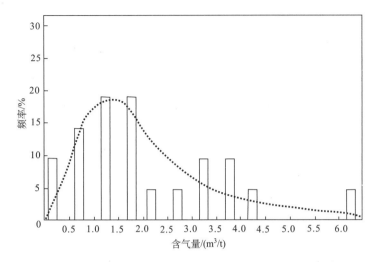

图 4-21 四川盆地南部下古生界海相页岩含气量分布统计特征

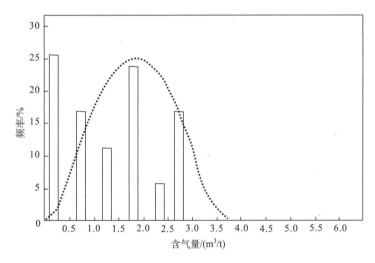

图 4-22 南襄盆地泌阳凹陷新生界古近系陆相页岩含气量分布特征

通过对四川盆地及其周缘下古生界海相沉积页岩、鄂尔多斯盆地中生界陆相拗陷湖盆沉积页岩、松辽盆地中生界陆相拗陷湖盆沉积页岩、渤海湾盆地东濮凹陷新生界陆相断陷湖盆沉积页岩及南襄盆地泌阳凹陷新生界陆相页岩主要地质参数有效数据的频率统计，可以看出不同的沉积构造环境对页岩参数的分布具有重要影响，海相沉积页岩、拗陷湖盆沉积的陆相页岩及断陷湖盆沉积的陆相页岩在参数分布特征上具有差异性（表 4-2）。

表 4-2 不同沉积类型页岩主要参数频率统计特征表

参数	海相页岩		陆相页岩			
			拗陷湖盆		断陷湖盆	
	分布模型	频率峰值	分布模型	频率峰值	分布模型	频率峰值
有机碳含量	正态	1.5%～2.5%	正态	0.5%～3.5% 无明显峰值	对数正态	0%～2%
黏土矿物含量	正态	35%～45%	正态	40%～60% 无明显峰值	正态	50%～55%
有效厚度	—	—	正态/ 对数正态	50～60m 10～30m	—	—
孔隙度	对数正态	0%～2%	正态/ 对数正态	2%～4% 0%～2%	—	—
渗透率	对数正态	<0.001mD	—	—	—	—
页岩密度	正态	2.6～2.8g/cm³	正态	2.4～2.6g/cm³	正态	2.2～2.4g/cm³

分析发现，参数服从正态分布还是对数正态分布，并不受泥页岩相类型（海相、陆相）的控制，而是与具体地区泥页岩沉积时期的构造演化与水体变化过程密切相关。地质参数的概率密度正态分布反映了渐变、平稳的地质过程，表明了该参数受多种因素综合作用影响，各因素影响基本均匀，如四川盆地及其周缘下古生界海相页岩黏土矿物含量概率密度分布特征、鄂尔多斯盆地中生界陆相页岩有效厚度概率密度分布特征。对数正态分布反映了渐变和突变地质过程的过渡状态，表明该参数受多种因素综合作用影响，其中个别因素影响显著，但不能左右全局，其他因素的影响均匀微小，如渤海湾盆地东濮凹陷新生界古近系陆相页岩有机碳含量概率密度分布特征、四川盆地及其周缘下古生界海相页岩渗透率概率密度分布特征。

在某一参数分布模型相同的情况下，海相页岩和陆相页岩的差别主要在于参数分布范围、中值、偏度及标准差等影响分布曲线形态的特征参数上，如四川盆地及其周缘下古生界海相页岩有机碳含量概率密度分布特征和鄂尔多斯盆地中生界陆相页岩有机碳含量概率密度分布特征。

4. 预测方法与步骤

蒙特卡罗法是以概率论与数理统计为指导的统计学方法，应用随机抽样技术和统计试验方法来解决数值解不确定的问题。20 世纪 60 年代，蒙特卡罗法开始应用于含油气区早-中期勘探阶段常规油气资源的定量计算，重点解决地质风险评价问题。其基本思想是，为获得某地质问题的数值解，首先根据已有资料建立描述该地质问题的数学模型，其次通过对数学模型中参数变量的抽样计算获得概率分布函数形式的数值解，概率形式给出的数值解具有特定期望值，且描述了各种结果出现的可能性。

页岩气聚集呈连续分布、无明确参数界限、丰度低，地质参数变量具有更大的随机性，尤其是我国地质条件复杂、页岩气类型多、资料少、认识程度低，含气量的关键参数变化规律尚不清楚，应用蒙特卡罗原理解决页岩气资源评价问题是现阶段最科学、最合理的方法。

体积法适用于勘探开发各阶段和各种地质条件，是我国各类油气资源评价的重要方法，也是页岩气资源评价的基本方法。应用蒙特卡罗原理评价页岩气资源量时可以以体积法为计算公式。依据体积法原理，页岩气地质资源量为页岩总质量与单位质量页岩所含天然气的乘积，可表示为常数系数与地质参数（随机变量）的连乘：

$$Q=0.01 \cdot A \cdot h \cdot \rho \cdot q$$

式中，Q 为页岩气地质资源量，$10^8 m^3$；A 为含气页岩分布面积，km^2；h 为有效页岩厚度，m；ρ 为页岩密度，t/m^3；q 为总含气量，m^3/t。

蒙特卡罗法预测页岩气资源量的主要步骤如下所述。

1）参数获取

页岩气研究和评价的主要对象是泥地比大于 60%、夹层厚度小于 2m 的泥页岩层系。资源量计算参数主要包括有效厚度、面积、含气量、页岩密度等。由于资料相对有限，各项参数可以采取多种方法获取，不同方法获得的参数应进行合理的厘定、校正及综合，使参数间具有可比性。数据量应尽量达到统计学要求，数据点分布应相对均匀，具有代表性。

（1）有效厚度。

泥页岩层系厚度可通过露头调查、钻探、地震及测井等手段获得。其中，有效厚度指已有充分的证据证明泥页岩含油气，并可能具有工业价值的页岩油气聚集的含油气页岩层段，包括页岩、泥岩及其夹层。含气证据包括钻井中已获得页岩气流、岩心现场解吸获得页岩气，录井在该段发现气测异常（图 4-23），缺少钻井资料的地区泥页岩层段见油气苗、近地表样品解吸见气等，保存条件好的地区也可以将地球化学指标超过下限作为间接含气证据。因此，可依据钻井、测井、录井、岩心测试、实验分析等各类资料及其在剖面上的变化来确定含气泥页岩层系厚度，即有效厚度。

（2）面积。

通过泥页岩层系连井剖面、地震解释等资料分析，掌握有效厚度在剖面和平面上的变化规律，结合泥页岩层系各项相关参数平面变化等值线图，可对含气面积进行分析。

常规油气资源评价时，通常把面积作为定值给出，这是因为常规油气分布受圈闭控制，具有较明确的含油气边界；而页岩气为层状分布，含气性呈低丰度、连续、不均匀分布，无明确边界，因此含气面积也有必要以概率形式给出。在没有较多实际井资料建立含气面积统计分布规律的情况下，一般按照对数正态分布模型研究含气面积概率分布，可将最小含气面积和推测最大含气面积值分别作为累积概率 95% 和 5% 所对应的含气面积以进行下一步分析。

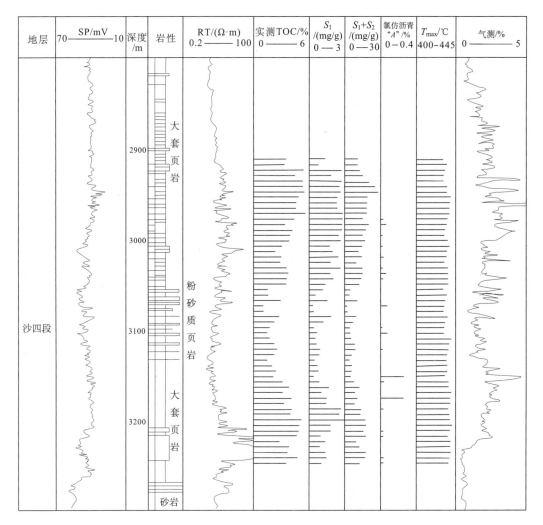

图 4-23　页岩含气有效厚度

（3）含气量。

含气量指每吨岩石样品中所含天然气总量在标准状态下的体积。页岩含气量可通过直接法（岩心现场解析法）和间接法（模拟实验法、统计法、类比法、计算法、测井资料解释法及生产数据反演法等）获得。各类方法获得的含气量数据代表的含义不同，应用时应注意。

（4）页岩密度。

页岩密度可通过实测法、类比法、测井解释法等方法获得。

2）参数分析与抽样计算

将获得的各项参数变量用其分布函数作为统计模型，随机抽样 m（1000）次以上，将各组抽样值按照数学模型进行计算，得到页岩气资源量的 m 个估计值。

3）获得页岩气资源量概率解

对页岩气资源量的 m 个估计值进行频率统计分析，求出页岩气资源量的概率分布函数，从分布曲线上即可获得不同概率条件下的页岩气资源量数值解（图4-24），通常把 P_{50} 对应的资源量数值作为期望值。

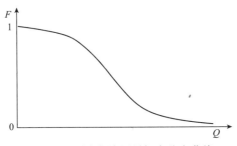

图 4-24　页岩气资源量概率分布曲线

综上所述，应用蒙特卡罗法预测页岩气资源量时，首先分析页岩气资源量计算所依赖的地质参数变量，构造表征资源量概率解的数学模型。其次将包括面积在内的各项地质参数作为变量处理，根据已有数据统计确定各个参数变量的概率密度分布模型。再次对模型中的各个地质参数变量进行 m 次随机抽样，获得随机地质参数的 m 组抽样值；把 m 组抽样值代入资源量计算数学模型，求出资源量的 m 个估计值。最后用频率统计法求出油气资源量的分布曲线，由此获得概率不小于 p 所对应的资源量数值解。蒙特卡罗法更科学地描述了页岩气边界条件不确定的机理特征，可用于页岩气勘探各个阶段。

4.1.3　地球化学法

成因法评价页岩气资源需要基于大量的地球化学参数，也叫作地球化学物质平衡法，适用于页岩气勘探开发早期阶段的资源量计算。

1. 生烃门限与排烃门限

Tissot 和 Welte（1984）提出的干酪根晚期降解成烃理论已被几十年来的油气勘探实践所证实，其中，生烃门限是干酪根热降解生烃模式中的一个重要概念。生烃门限是有机质开始大量生烃的起点，岩石只有进入生烃门限后才能大量生烃构成烃源岩。如果有机质经历的温度低于生油门限温度，或者其埋深小于生油门限深度，那么有机质不会生成大量烃类。生烃门限对应的镜质体反射率一般为 0.5%。黄第藩等（1984）提出的有机质生烃演化综合模式在此基础上补充了未熟-低熟石油的生成过程，强调了不同类型有机质生烃的差异性。

庞雄奇等（1997，2004）结合生产实践提出了排烃门限的概念：排烃门限指烃源岩在埋藏演化过程中，由于生烃量满足了自身吸附、孔隙水溶、油溶（气）和毛细管饱和等多种形式的残留需要，开始以游离相大量排出的临界点。排烃门限是烃源岩含烃从欠饱和到过饱和，从水溶、扩散相排烃到游离相排烃，从少量排烃到大量排烃的转折点。排烃门限的存在已在地球化学、地质、物理模拟及数值模拟等多方面得到了证实。

2. 源岩残烃量

从成因机理上来说，页岩油气资源就是残留和保存在烃源岩中的烃类。由于盆地地质和演化历史的复杂性，页岩油气的形成过程十分复杂。要弄清页岩在埋藏历史过程中的每一次有机质生排烃演变过程是十分困难的。因此，在用成因法考虑页岩油气资源量问题时，可采用黑箱原理，将复杂问题简单化，即不关心页岩油气形成的具体过程，而是把该过程看作一个黑箱，把有机质生烃看作系统的输入、排烃量作系统的输出，依据物质平衡原理，有机质生烃量与排烃量之差即为源岩残烃量：

$$Q = Q_{残} = Q_{生} - Q_{排}$$

式中，Q 为页岩油气地质资源量，$10^8 m^3$；$Q_{残}$ 为源岩残烃量，$10^8 m^3$；$Q_{生}$ 为源岩生烃量，$10^8 m^3$；$Q_{排}$ 为排烃量，$10^8 m^3$。

根据前人提出的生烃门限和排烃门限的概念和含义，页岩到达生烃门限时开始大量生烃但并不排烃，烃类满足源岩自身储集需要时才达到排烃门限开始排烃。那么从生烃门限到排烃门限之间的那个阶段所形成的烃类，就是残留在源岩内供源岩初始饱和的烃量。随着埋深的增加，有机质总生烃量增大，烃类分子逐渐缩小，排烃效率增高，页岩中残留的烃量也会在后期的埋藏演化过程中发生小幅度的变化（图 4-25）。

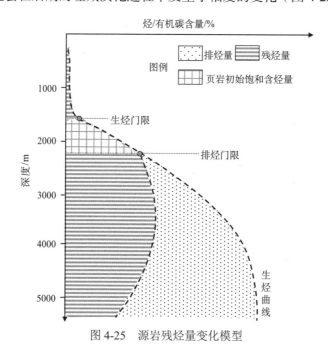

图 4-25　源岩残烃量变化模型

3. 预测方法与步骤

不同盆地由于演化历史和地温梯度不同，有机质类型、门限深度等特征可能有很大差异。根据该模型，在用地球化学法预测页岩油气资源量时，可采用以下步骤。

1）确定该盆地排烃门限深度及其对应的温压及成熟度条件

统计该盆地不同深度生烃潜力指数（S_1+S_2）/有机碳含量的变化，该值通常表现出随着埋深的增加先增大再降低的趋势，生烃潜力指数最大值所对应的深度即可代表该盆地的排烃门限深度（庞雄奇等，2004）。根据地温梯度计算相应的地层温度和有机质成熟度。

2）结合热模拟实验确定排烃门限深度条件下的产烃率

根据该盆地的有机质热模拟实验，确定源岩达到排烃门限时的有机质的产烃率。

3）计算源岩初始饱和含烃量

根据排烃门限深度条件下的产烃率、有机碳含量、厚度、面积、密度等参数，计算页岩初始饱和含烃量，该值可近似代表页岩油气资源量。

4）依据热模拟实验分析现今页岩所含流体性质和资源量

依据热模拟实验中不同演化阶段不同相态的产烃率，结合源岩残烃模型，分析计算各阶段源岩中烃流体的性质及含量，进一步计算得到现今页岩油气资源量。

4. 残余系数与排烃系数

在未开展源岩热模拟实验的盆地中，用成因法预测页岩油气资源量时可用生烃量与残余系数相乘来估计页岩油气资源量：

$$Q = Q_{生} \cdot k_{残}$$

式中，$k_{残}$ 为残余系数，无量纲。

生烃量的计算方法主要有两类：一类是反推法，即由生油岩中残余的有机质推算出生烃量，如氯仿沥青 "A" 法、总烃法等；另一类是直接法，即考虑干酪根不同演化阶段的产烃率，如热解法、热模拟法等。

残余系数的确定非常困难，极少有直接针对残余系数的研究。目前可以结合类比法估计研究区的排烃系数，残余系数与排烃系数的关系为

$$k_{残} = 1 - k_{排}$$

式中，$k_{排}$ 为排烃系数，无量纲。

排烃系数就是油气初次运移量与生烃量之比。图 4-26 为辽河拗陷西部凹陷排烃系数随埋深的变化情况；表 4-3 为部分地区典型井主力源岩段排烃系数。一般情况下，排烃系数随有机质热演化程度的增高而增大。

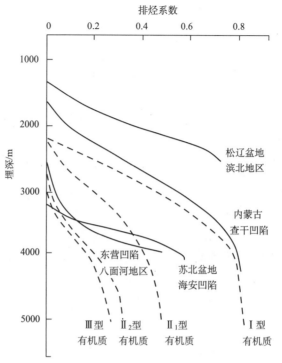

图 4-26　辽河拗陷西部凹陷排烃系数随埋深的变化图

表 4-3　部分地区典型井主力源岩段排烃系数表

单元		典型井主力源岩段排烃系数
辽河拗陷	西部凹陷	0.23～0.27
	大民屯凹陷	0.2
	东部凹陷	0.26～0.3
济阳拗陷	东营凹陷	0.3～0.36
苏北盆地	海安凹陷	0.3～0.4
	高邮凹陷	0.5～0.6
江汉盆地		0.17～0.32
东海椒江盆地		0.46～0.52

4.2　资源计算应用实例

4.2.1　评价区地质概况

渝东南地区位于重庆市东南部，属于四川盆地外缘川东高陡构造带武陵褶皱带，区内发育一系列 NNE 向隔挡式和隔槽式褶皱，地貌上岭谷相间。震旦纪—第四纪漫长的地质年代里，经历了多次构造运动（图 4-27）。区内出露地层以古生界为主，其次为中生界三叠系及少量的侏罗系。渝东南地区属于油气勘探空白区，没有油气钻井，只有少量固体矿产井。

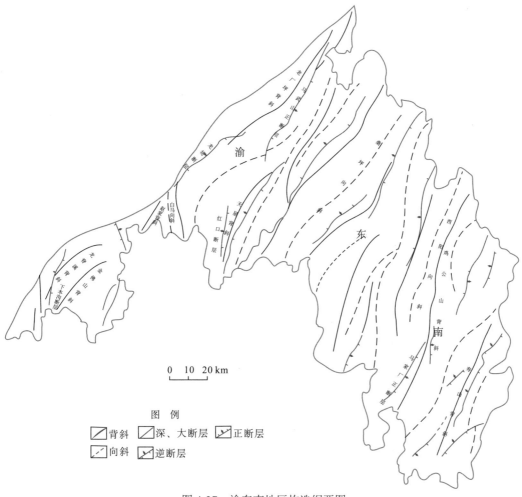

图 4-27　渝东南地区构造纲要图

渝东南地区主要发育古生界下寒武统牛蹄塘组和上奥陶统五峰组—下志留统龙马溪组两套海相黑色页岩，有机质类型主要为 I 型。

牛蹄塘组黑色页岩在全区均有分布，为大陆架到大陆斜坡过渡区的海相沉积，厚度在 20～140m，东南厚西北薄，埋深由南向北逐渐加大。牛蹄塘组黑色页岩有机碳含量在 0.16%～9.62%，平均为 3.43%，有机质成熟度在 1.6%～3.55%，平均为 2.71%。

龙马溪组黑色页岩也在全区广泛分布，为前陆盆地控制下的闭塞海湾沉积，厚度变化较大，在 40～200m。有机碳含量在 0.12%～6.16%，平均为 1.62%，有机质成熟度在 1.56%～3.68%，平均为 2.51%。

黑色页岩矿物成分主要为碎屑矿物和黏土矿物，还有少量的碳酸盐岩和黄铁矿。碎屑矿物成分主要为石英和长石，黏土矿物含量在 27%～62%，平均为 42.6%，主要为伊利石和伊/蒙混层，其次为绿泥石。页岩孔隙度在 0.77%~5.4%，平均为 3.3%，渗透率在 $0.0024×10^{-3}$~$0.079×10^{-3}μm^2$，平均为 $0.0153×10^{-3}μm^2$。

对渝科 1 井、酉科 1 井黑色页岩岩心含气量进行现场解析分析可知，古生界黑色页岩含气量在 0.6~3.0 m^3/t。

4.2.2 资源量计算

采集渝东南地区黑色页岩露头样品和渝科 1 井、酉科 1 井岩心样品共 583 块，样品在全区分布均匀，具有代表性。对样品开展系统的实验分析测试和单井解剖，获取资源评价相关参数。

在没有更多实际资料建立面积的统计分布规律的情况下，面积选择三角分布模型，面积的确定采用有机碳含量关联法，依据国内外对页岩气有利区的划分标准，将有机碳含量为 2.0%圈定的面积作为面积中值，将有机碳含量为 1.0%和 3.0%圈定的面积作为逆累积概率的5%和95%对应的面积。厚度的确定主要依据钻井分析和野外剖面实测结合实验测试分析资料确定，海相页岩沉积厚度相对稳定，采用正态分布概率模型。依据样品实测数据统计分析将页岩密度确定为正态分布,含气量依据钻井岩心样品现场解析获得，其统计分布后呈对数正态分布（图 4-28，图 4-29）。

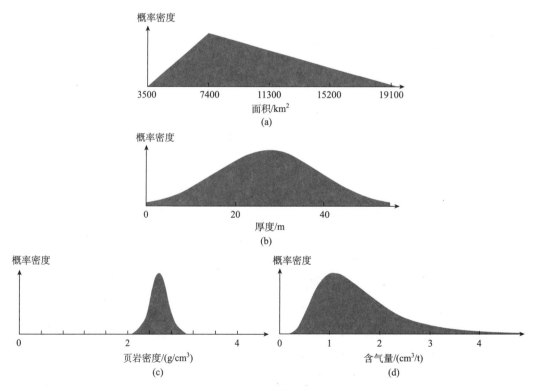

图 4-28　牛蹄塘组页岩气资源量计算参数概率密度分布图

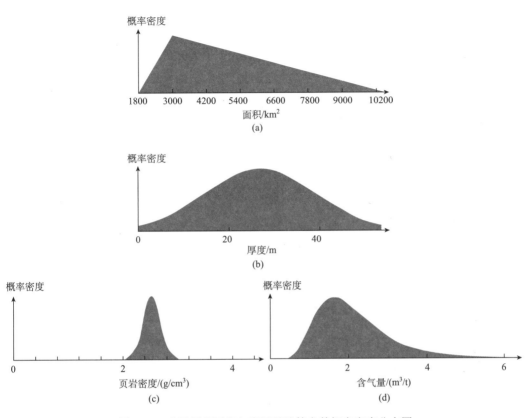

图 4-29　龙马溪组页岩气资源量计算参数概率密度分布图

在参数分析的基础上（表 4-4），采用蒙特卡罗法计算的渝东南地区下寒武统牛蹄塘组页岩气资源量期望值为 $7892 \times 10^8 m^3$，下志留统龙马溪组页岩气资源量期望值为 $5908 \times 10^8 m^3$（图 4-30，图 4-31），合计 $1.38 \times 10^{12} m^3$。此处计算的是地质资源量，未考虑地貌、埋深、道路、水源等工程地质条件。

表 4-4　渝东南地区页岩气资源量计算表

参数	牛蹄塘组			龙马溪组		
	P_5	P_{50}	P_{95}	P_5	P_{50}	P_{95}
面积/km²	12910	8389	4998	8694	4788	2523
厚度/m	47	27	8	47	26	7
总含气量/（m³/t）	3.3	1.4	0.6	4.0	1.9	0.9
密度/（g/cm³）	2.8	2.6	2.3	2.7	2.5	2.3
地质资源量/10⁸m³	23096	7892	1977	17520	5908	1346
合计/10⁸m³	期望值：13800					

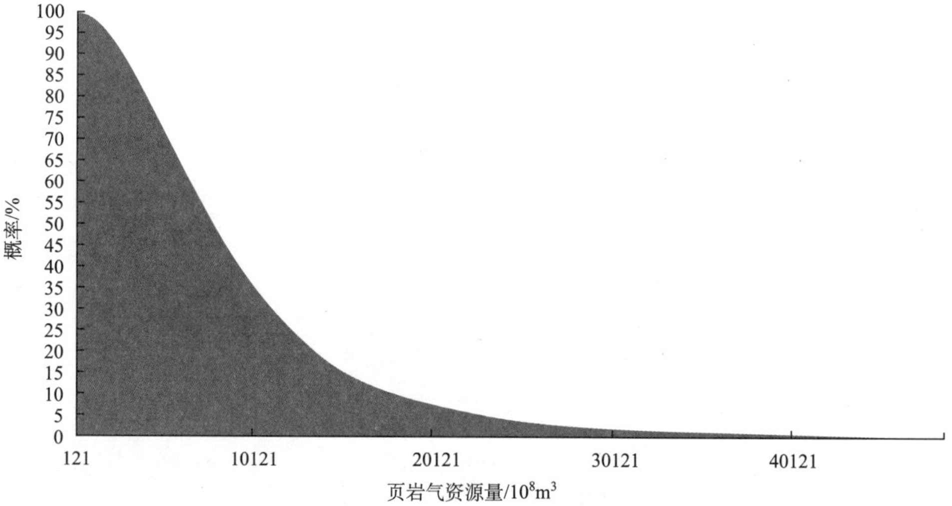

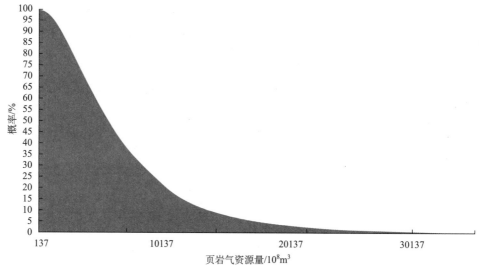

图 4-30　牛蹄塘组页岩气资源量累积概率分布图

图 4-31　龙马溪组页岩气资源量累积概率分布图

4.3　资源计算结果

先导区页岩气资源量采用体积法计算公式对页岩孔隙、孔隙空间内的游离态页岩气与有机质、黏土质和干酪根颗粒表面的吸附态页岩气的总和进行估算，利用蒙特卡洛法得到不同置信度的值。在计算过程中有效页岩分布面积、有效页岩厚度和含气量是影响资源量计算的重要参数。

其中有效页岩分布面积主要为不同概率条件下有机碳含量值所圈闭的面积；有效页岩厚度主要为该套页岩层中有机碳含量≥2.0%的累积地层厚度，若缺少分析资料的野外地层剖面则与钻井进行区域地层对比，计算地层有效页岩厚度；含气量值主要通过钻井岩心现场解析及实验室破碎得到，通过岩心现场解析得到的参数可以推算页岩岩心在装罐前的损失气量及解析后的残余气量，其中损失气量、现场解析气量和残余气量三者之和为页岩层的总含气量。

对川渝黔鄂地区的 5 个评价单元、3 个含气页岩层系进行系统评价，得到川渝黔鄂地区页岩气地质资源量为 $31.01×10^{12}m^3$，可采资源量为 $3.84×10^{12}m^3$（期望值 P_{50}）。

川渝黔鄂先导试验区下寒武统牛蹄塘组和下志留统龙马溪组两套富有机质页岩层资源量在平面上的分布特征明显，且各试验区中不同层位富有机质页岩层资源量的分布也各有特点。

对页岩气资源量分布图观察可得，先导试验区中页岩气资源量合计约 $30.294×10^{12}m^3$，其中下寒武牛蹄塘组和下志留统龙马溪组页岩气资源量相差不大，分别为 $15.483×10^{12}m^3$ 和 $14.811×10^{12}m^3$。而 5 个先导试验区中以川南—川东区页岩气资源量分布最多，合计约为 $15.2714×10^{12}m^3$，其次为川东南—渝东—鄂西区及黔北区，渝东南区及渝东北区资源量最少，分别约为 $2.1587×10^{12}m^3$ 及 $0.7994×10^{12}m^3$（图 4-32）。

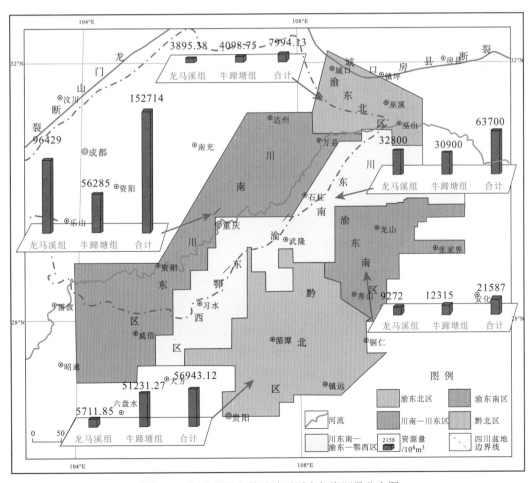

图 4-32　川渝黔鄂先导试验区页岩气资源量分布图

4.3.1 资源潜力评价单元分布

对川渝黔鄂地区的 5 个评价单元、3 个含气页岩层系进行系统评价，得到川渝黔鄂地区页岩气地质资源量为 $31.01×10^{12}m^3$，可采资源量为 $3.84×10^{12}m^3$（期望值 P_{50}）。其中，黔北地区页岩气地质资源量为 $6.41×10^{12}m^3$，约占全区地质资源总量的 20.7%；可采资源量为 $0.77×10^{12}m^3$，约占全区可采资源总量的 20.1%。川东南—渝西—鄂东地区地质资源量为 $6.37×10^{12}m^3$，约占全区地质资源总量的 20.5%；可采资源量为 $0.76×10^{12}m^3$，约占全区可采资源总量的 19.8%。川南—川东地区地质资源量为 $15.27×10^{12}m^3$，约占全区地质资源总量的 49.2%；可采资源量为 $1.99×10^{12}m^3$，约占全区可采资源总量的 51.8%。渝东南地区地质资源量为 $2.16×10^{12}m^3$，约占川渝黔鄂地区地质资源总量的 7%；可采资源量为 $0.26×10^{12}m^3$，约占全区可采资源总量的 6.8%。渝东北地区地质资源量为 $0.80×10^{12}m^3$，约占川渝黔鄂地区地质资源总量的 2.6%；可采资源量为 $0.06×10^{12}m^3$，约占全区可采资源总量的 1.6%（表 4-5）。

表 4-5　先导试验区页岩气资源评价结果表　　　　（单位：$10^{12}m^3$）

地区	地质资源量						可采资源量					
	P_5	P_{25}	P_{50}	P_{75}	P_{95}	期望值	P_5	P_{25}	P_{50}	P_{75}	P_{95}	期望值
黔北	11.54	7.98	6.41	4.91	2.86	6.41	1.39	0.96	0.77	0.59	0.34	0.77
川东南—渝西—鄂东	13.66	9.06	6.37	4.27	2.07	6.37	1.64	1.09	0.76	0.51	0.25	0.76
川南—川东	25.79	18.86	15.27	11.76	7.15	15.27	3.35	2.45	1.99	1.53	0.93	1.99
渝东南	4.49	2.99	2.16	1.48	0.73	2.16	0.54	0.36	0.26	0.18	0.09	0.26
渝东北	1.61	1.15	0.80	0.41	0.10	0.80	0.13	0.09	0.06	0.03	0.01	0.06
合计	57.09	40.04	31.01	22.83	12.91	31.01	7.05	4.95	3.84	2.84	1.62	3.84

4.3.2 资源潜力层系分布

页岩气资源主要分布在下寒武统牛蹄塘组和下志留统龙马溪组。其中，下寒武统变马冲组地质资源量为 $0.71×10^{12}m^3$，约占全区地质资源总量的 2.3%；可采资源量为 $0.09×10^{12}m^3$，约占全区可采资源总量的 2.3%。下寒武统牛蹄塘组地质资源量为 $15.49×10^{12}m^3$，约占全区地质资源总量的 50.0%；可采资源量为 $1.83×10^{12}m^3$，约占全区可采资源总量的 47.7%。下志留统龙马溪组地质资源量为 $14.81×10^{12}m^3$，约占全区地质资源总量的 47.8%；可采资源量为 $1.92×10^{12}m^3$，占全区可采资源总量的 50%（表 4-6）。

表 4-6　先导试验区页岩气资源量层系分布表　　（单位：$10^{12}m^3$）

层系	地质资源量						可采资源量					
	P_5	P_{25}	P_{50}	P_{75}	P_{95}	期望值	P_5	P_{25}	P_{50}	P_{75}	P_{95}	期望值
下志留统龙马溪组	27.48	19.48	14.8	10.8	6.14	14.81	3.52	2.47	1.92	1.42	0.81	1.92
下寒武统牛蹄塘组	28.37	19.67	15.5	11.49	6.45	15.49	3.37	2.37	1.83	1.35	0.77	1.83
下寒武统变马冲组	1.24	0.89	0.71	0.54	0.32	0.71	0.16	0.11	0.09	0.07	0.04	0.09
合计	57.09	40.04	31.01	22.83	12.91	31.01	7.05	4.95	3.84	2.84	1.62	3.84

4.3.3　资源潜力埋深分布

埋深在 500～1500m 的页岩气地质资源量为 $4.08×10^{12}m^3$，约占全区地质资源总量的 13.2%；可采资源量为 $0.53×10^{12}m^3$，约占全区可采资源总量的 13.8%。埋深在 1500～3000m 的页岩气地质资源量为 $12.34×10^{12}m^3$，约占全区地质资源总量的 39.8%；可采资源量为 $1.81×10^{12}m^3$，约占全区可采资源总量的 47.1%；埋深在 3000～4500m 的页岩气地质资源量为 $14.59×10^{12}m^3$，约占全区地质资源总量的 47.0%；可采资源量为 $1.5×10^{12}m^3$，约占全区可采资源总量的 39 .1%（表 4-7）。

表 4-7　先导试验区页岩气资源量埋深分布表　　（单位：$10^{12}m^3$）

埋深/m	地质资源量						可采资源量					
	P_5	P_{25}	P_{50}	P_{75}	P_{95}	期望值	P_5	P_{25}	P_{50}	P_{75}	P_{95}	期望值
<1500	8.16	5.41	4.08	2.73	1.33	4.08	0.99	0.69	0.53	0.4	0.23	0.53
1500～3000	23	16.03	12.34	8.97	4.97	12.34	3.31	2.33	1.81	1.33	0.76	1.81
3000～4500	25.93	18.6	14.59	11.13	6.61	14.59	2.75	1.93	1.5	1.11	0.63	1.5
合计	57.09	40.04	31.01	22.83	12.91	31.01	7.05	4.95	3.84	2.84	1.62	3.84

4.3.4　资源潜力地表条件分布

页岩气资源主要分布在丘陵、低山、中山、高山及高原地区。其中，丘陵地区地质资源量为 $10.62×10^{12}m^3$，约占地质资源总量的 34.2%；可采资源量为 $1.31×10^{12}m^3$，约占可采资源总量的 34.1%。低山地区地质资源量为 $7.48×10^{12}m^3$，约占地质资源总量的 24.1%；可采资源量为 $0.93×10^{12}m^3$，约占可采资源总量的 24.2%。中山地区地质资源量为 $5.15×10^{12}m^3$，约占地质资源总量的 16.6%；可采资源量为 $0.64×10^{12}m^3$，约占可采资源总量的 16.7%。高山地区地质资源量为 $3.18×10^{12}m^3$，约占地质资源总量的 10.3%；可采

资源量为 $0.39×10^{12}m^3$，约占可采资源总量的 10.2%。高原地区地质资源量为 $3.05×10^{12}m^3$，约占地质资源总量的 9.8%；可采资源量为 $0.38×10^{12}m^3$，约占可采资源总量的 9.9%。其次分布在喀斯特、平原、湖沼地区（表4-8）。

表4-8 先导试验区页岩气资源量地表条件分布表　（单位：$10^{12}m^3$）

地表条件	地质资源量						地质资源量					
	P_5	P_{25}	P_{50}	P_{75}	P_{95}	期望值	P_5	P_{25}	P_{50}	P_{75}	P_{95}	期望值
平原	0.26	0.19	0.15	0.12	0.07	0.15	0.0347	0.024	0.0189	0.014	0.008	0.0189
丘陵	19.33	13.52	10.62	8	4.71	10.62	2.41	1.69	1.31	0.97	0.55	1.31
低山	13.73	9.62	7.48	5.51	3.05	7.48	1.7	1.19	0.93	0.69	0.39	0.93
中山	10.28	7	5.15	3.62	1.91	5.15	1.17	0.82	0.64	0.47	0.27	0.64
高山	6.01	4.24	3.18	2.17	1.1	3.18	0.72	0.51	0.39	0.29	0.17	0.39
高原	5.16	3.77	3.05	2.35	1.43	3.05	0.69	0.49	0.38	0.28	0.16	0.38
湖沼	0.26	0.19	0.15	0.12	0.07	0.15	0.03	0.02	0.02	0.01	0.01	0.02
喀斯特	2.06	1.51	1.23	0.94	0.57	1.23	0.28	0.19	0.15	0.11	0.06	0.15
合计	57.09	40.04	31.01	22.83	12.91	31.01	7.05	4.95	3.84	2.84	1.62	3.84

4.3.5 资源潜力省际分布

页岩气资源主要分布在贵州、湖北、湖南、四川、云南、重庆等多个省（直辖市），其中，四川地质资源量为 $9.39×10^{12}m^3$，约占地质资源总量的 30.3%；重庆地质资源总量为 $6.52×10^{12}m^3$，约占地质资源总量的 21%；贵州地质资源量为 $8.52×10^{12}m^3$，约占地质资源总量的 27.5%；湖北地质资源量为 $3.38×10^{12}m^3$，约占地质资源总量的 10.9%；湖南地质资源量为 $0.55×10^{12}m^3$，约占地质资源总量的 1.8%；云南地质资源量为 $2.65×10^{12}m^3$，约占地质资源总量的 8.5%（表4-9）。

表4-9 先导试验区页岩气资源量省际分布表　（单位：$10^{12}m^3$）

省（直辖市）	地质资源量						地质资源量					
	P_5	P_{25}	P_{50}	P_{75}	P_{95}	期望值	P_5	P_{25}	P_{50}	P_{75}	P_{95}	期望值
贵州	15.59	10.67	8.52	6.50	3.82	8.52	1.90	1.34	1.04	0.77	0.44	1.04
湖北	6.91	4.73	3.38	2.40	1.29	3.38	0.77	0.54	0.42	0.31	0.18	0.42
湖南	1.14	0.76	0.55	0.38	0.19	0.55	0.14	0.10	0.08	0.06	0.03	0.08
四川	16.07	11.64	9.39	7.01	4.10	9.39	2.12	1.48	1.15	0.85	0.49	1.15
云南	4.37	3.25	2.65	2.22	1.51	2.65	0.64	0.45	0.34	0.25	0.14	0.34
重庆	13.01	8.99	6.52	4.32	2.00	6.52	1.48	1.04	0.81	0.60	0.34	0.81
合计	57.09	40.04	31.01	22.83	12.91	31.01	7.05	4.95	3.84	2.84	1.62	3.84

第 5 章

页岩气发育有利区

5.1　有利区定量优选方法

5.1.1　页岩气前景分区

页岩气呈层状连续分布，根据勘探开发阶段和选区依据，国内外通常将页岩气分布区划分为远景区（prospective area）、有利区（favorable area）、核心区（core area）3 个级别。

美国最具代表性的福特沃斯盆地 Barnett 页岩气远景区面积达 72520km^2（表 5-1），以红河（Red River）背斜、沃希托（Ouachita）逆冲断层带、利阿诺（Llano）隆起为边界；远景区内包含一个面积约 18100km^2 的有利区，有利区内页岩有机质成熟度大于 1.1%，处于生气窗范围，有利区西部以有机质成熟度等于 1.1% 为界，南部以页岩厚度为 30m 的等值线为界，东部以 Ouachita 逆冲断层为界；有利区内最具潜力的区域，即核心区面积约 4700km^2，位于盆地东北部，包括 Newark East 油气田及其外围区域（Bowker，2003；Montgomery et al.，2005；Jarvie et al.，2007）。

在 Barnett 页岩气有利区内，围绕着核心区，还划分出扩展区（extention area #1）和周边区（extention area #2）共 3 个层次。核心区页岩气丰度高，储量大；扩展区储量、产量适中；周边区范围大、储量较低。福特沃斯盆地核心区是最早开始钻探和生产的区域；扩展区已进入快速钻探和生产阶段，面积约 5838km^2；周边区需要进行缓慢开发，面积约 10676km^2。核心区产量比扩展区产量高 60%，是周边区产量的 3 倍。

表 5-1　福特沃斯盆地 Barnett 页岩选区参数（据 Bowker，2003）

选区级别	面积/km²	有机碳含量/%	有机质成熟度/%	厚度/m	埋深/m	边界
远景区	72520	>1	>0.5	>15	0～300	页岩分布区
有利区	18100	>3.3	>1.1	>30	>300	有机质成熟度为 1.1% 及页岩厚度为 30m
核心区	4700	>3.5	>1.3	91～214	>2000	Newark East 油气田及其外围

　　我国正处于页岩气勘探开发初期阶段。页岩气远景区是在区域地质调查的基础上，掌握区域构造、沉积及地层发育背景，结合地质、地球化学、地球物理等资料，优选出的富有机质页岩发育区及具备页岩气形成地质条件的潜力区域；页岩气有利区是在远景区内进一步优选，在地震、钻井及实验测试等资料的基础上，通过分析泥页岩沉积特点、构造格架、泥页岩地球化学指标及储集特征等参数，将页岩气显示或少量含气性参数优选出来，进一步钻探能够或可能获得页岩气工业气流的区域；页岩气目标区是在页岩气有利区内，基本掌握了泥页岩的空间展布、地球化学特征、储层物性（含裂缝）、含气量及开发基础等参数，有一定数量的探井已见到了良好的页岩气显示或产出，在自然条件或经过储层改造后具有页岩气商业开发价值的区域。

5.1.2　信息递进叠合法

1. 地质评价信息体系与层次

　　页岩本身既是源岩又是储层，为典型的原地生、原地储集模式。常规油气勘探中分别用于评价烃源岩、储集层、保存和开发条件的参数信息都可以运用于页岩气的勘探开发，因此页岩气评价选区的地质信息更加多样化和复杂化。

　　页岩气地质评价信息体系由 3 个层次组成（表 5-2），基础信息层主要包含 23 项因素，这 23 项因素反映了 9 方面的特征，构成了组合信息层，其中，地质背景主要包括地层，构造格局及沉积、构造演化史 3 项信息；地球化学特征主要包括有机质类型、有机质丰度及热演化程度 3 项信息；储集特征主要包括孔隙度、渗透性及储集空间类型 3 项信息；发育规模主要包括页岩层系厚度、有效厚度及页岩横向连续性 2 项信息；环境与保存条件主要包括埋深、流体压力和储层温度及地下水与断层 3 项信息；含气性主要包括流体性质和含气量 2 项信息；压裂开发基础条件主要包括矿物组成、岩石力学参数及区域现今构造应力场特征 3 项信息；生产开发条件主要包括地貌环境与井场情况、压裂用水和输气管网及市场 3 项信息；环保条件主要包括污水处理与环保信息。9 个组合信息构成了页岩气地质条件和工程地质条件两方面的综合信息。

表 5-2　页岩气地质评价信息体系与层次

序号	基础信息	组合信息	综合信息
1	地层	地质背景	地质条件
2	构造格局		
3	沉积、构造演化史		
4	有机质类型	地球化学特征	
5	有机质丰度		
6	热演化程度		
7	孔隙度	储集特征	
8	渗透性		
9	储集空间类型		
10	页岩层系厚度、有效厚度	发育规模	
11	页岩横向连续性		
12	埋深	环境与保存条件	
13	流体压力和储层温度		
14	地下水与断层		
15	流体性质	含气性	工程地质条件
16	含气量		
17	矿物组成	压裂开发基础条件	
18	岩石力学参数		
19	区域现今应力场特征		
20	地貌环境与井场情况	生产开发条件	
21	压裂用水		
22	输气管网及市场		
23	污水处理与环保	环保条件	

在地质评价的基础上，从勘探迈向开发还需进一步考虑技术、经济条件等相关信息。

2. 信息递进叠合选区

多信息叠合是利用地质参数的非均质性，对评价区已有资料进行综合处理的一种定量-半定量方法。这种方法的目的是综合多项基础地质信息，把地质信息值按照某种约定的算法叠加，得到能够近似表征含气有利性的新的组合信息，为制定勘探方案提供依据。多信息叠合评价法的基本思想是：首先，把控制页岩气形成的各种单一地质因素作为基础地质信息，并将其绘制成基础地质信息图；其次，把不同的基础地质信息图按照权重叠加得到组合地质信息图；最后，将组合地质信息图按照权重叠加生成综合地质信息图。在综合地质信息图的基础上，进行综合地质解释，预测页岩气有利地带。

页岩气勘探过程中，从优选远景区到有利区再到核心区，是一个资料逐步丰富、信息逐步综合、依据逐步充分、认识逐步加深且目标范围逐步缩小的递进过程（图5-1）。远景区优选实际上是寻找富有机质泥页岩发育的地区，主要考虑地质背景和泥页岩基本地球化学条件；有利区优选则要在考虑地质条件和基本地球化学条件的基础上，进一步综合有机地球化学特征、储集特征、发育规模、环境与保存条件及少量含气性特征等信息进行优选；核心区在有利区综合地质信息的基础上，需再进一步考虑含气量、矿物组成、岩石力学特征、区域现今应力场特征、地貌环境与井场情况等开发基础条件进行优选。因此，选区过程实际上是一个信息递进叠合的综合过程。

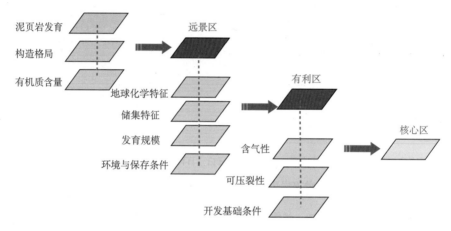

图 5-1　多信息递进叠合选区示意图

该方法中，选区信息体系和权重分配可依据含气量预测模型或结合评价区具体地质特点来确定。

3. 预测方法与步骤

信息递进叠合方法预测有利区的主要步骤如下所述。

（1）资料归类与分级。整理收集到的地质信息，进行归类，形成层次分明的信息体系，通常分为基础地质信息和组合地质信息两个层次，同类的基础地质信息叠加构成组合信息，组合信息叠加构成综合信息。

（2）基础地质信息叠合前处理。为了保持各种地质信息在叠合中的等价性及可加性，一般采用极差正规化方法，将各种基础地质信息变换到[0,1]区间。对于非数值型参数信息，如环境与保存条件，可按照好坏程度划分等级，给不同等级赋不同数值，以实现定量-半定量化。

（3）基础地质信息的平面插值和成图。在基础地质信息分布稀疏离散的情况下，对基础地质信息进行平面插值处理，生成统一比例尺的基础地质信息图。

（4）确定权重和叠加方法。结合评价区地质特点，根据各种基础地质信息或组合地质信息对页岩气富集所起的作用大小赋予其不同的权重值。叠合方法主要有累加叠加、乘积叠加和取小叠加。

（5）生成综合信息图。把同类基础地质信息图平面上同一坐标点的 m 种基础地质信息值进行加权累加/连乘/取小叠加，形成组合地质信息图。把不同组合地质信息图叠加即可形成综合信息图，依据该图的数值变化，划定有利区。

5.1.3　模糊综合评判法

1. 模糊综合评判法原理

模糊数学概念由美国控制论专家 Zadeh 在 1965 年提出，是用数学方法研究和处理模糊性现象的数学方法。模糊性是指事物之间的差异没有截然分开的分界线，而是呈过渡状态渐变，具有界线的不分明性，如岩石的颜色、成藏条件的优劣等。事物之间的差异具有模糊性，因此描述它们特征的变量也是模糊的，即各变量的分级、归类也没有明显的数值界限。地质作用是复杂的，有些特征可以定量度量，但有些却无法用定量的数值来表达，只能用客观模糊或主观模糊的准则进行推断或识别。

页岩气形成和富集的地质现象具有典型的模糊性。页岩气的富集不像常规油气那样具有明确的圈闭范围和油水边界，而是呈层状连续分布，具有普遍含气性，含气量呈连续非均质性变化。其含气边界具有典型的模糊性，不同含气特征之间没有明显的界限，无法用截然分开的物理界限和数值界限确定页岩气的范围。此外，描述页岩气特征的地质变量也是模糊的，如页岩的含气性、保存条件的好坏、富集条件有利性等，没有明显的定量数值界限来对他们分级。因此，用模糊数学方法处理页岩气选区问题是合适的。

模糊综合评判法的基本原理是，评价某地质对象的好坏时，分别构建评价因素集合 U 及其子集 U_i、评价级别集合 V、权重分配集合 A 及其子集 A_i、相对评语表示子集 $R(U_i)$ 等，由 U 到 V 的模糊映射组成综合评价变换矩阵，再按照权重分配求出各个评价对象的综合评价值，按照该值的大小对评价对象进行评价和排序。

评价区带含气性时主要依据 n 个地质因素，其构成因素集合：

$$U=\{U_1, U_2, \cdots, U_n\}$$

把评价结果分成 m 个级别，构成评价集合：

$$V=\{V_1, V_2, \cdots, V_m\}$$

根据每个地质因素所起的作用大小，构成评价因素权重分配集合 A：

$$A=\{A_1, A_2, \cdots, A_n\}$$

建立从 U 到 V 的 n 个模糊映射，构成综合评价变换矩阵 $\boldsymbol{R}$：

$$R = \begin{bmatrix} r_{11} & r_{12} & \cdots & r_{1m} \\ r_{21} & r_{22} & \cdots & r_{2m} \\ \vdots & \vdots & & \vdots \\ r_{n1} & r_{n2} & \cdots & r_{nm} \end{bmatrix}$$

A 与 R 按照矩阵合成算子合成，称为目标的综合评价：

$$B = A \circ R$$

每个评价目标含气性的综合评价值为

$$D = B \cdot C^{\mathrm{T}}$$

式中，C^{T} 为等级矩阵的转置矩阵。依据 D 值对评价对象进行排序。

2. 预测方法与步骤

模糊综合评判法的主要实施步骤如下所述。

（1）构建评价因素集合。整理收集到的资料，将地质资料分为不同类型和级别，若用 n 项地质因素评价某地质对象的好坏，则构成 n 项评价因素的集合 U，其中 U_i 是集合 U 的元素或子集，当 U_i 是 U 的子集时，它可由 n_i 项元素或次一级子集组成。

（2）选择适宜的评价级别集合。评价级别集合 V 可以划分为{好、中、差}、{好、较好、中等、较差、差}或更细。

（3）单因素决断。形成从 U 到 V 的模糊映射，则所有单因素的模糊映射就构成了一个模糊关系矩阵或综合评价变换矩阵 R。

（4）确定权重分配集。$A = \{A_1, A_2, \cdots, A_n\}$，要求 $\sum\limits_{i=1}^{n} A_i = 1$。

（5）选择算子。矩阵合成算子主要有取小取大运算、乘积取大运算、取小求和运算及乘积求和运算，常用的是乘积求和运算。

（6）合成综合评价矩阵 B。$B = A \circ R$。

（7）有利性综合评价：根据 $D = B \cdot C^{\mathrm{T}}$ 数值大小对评价对象进行综合评价和排序。模糊综合评判通常借助计算机软件完成。

5.2 有利区优选方法应用

我国海相页岩气资源约有一半分布在南方盆地外的露头区，这些露头区勘探程度很低，资料获取主要依靠页岩露头，要开展进一步的勘探和资源评价工作急需钻探大量调查井以获取可靠的资源评价参数。基于大量的野外地质调查工作，结合我国南方海相页岩气地质条件，本书初步提出了我国南方海相页岩露头区调查井井位优选标准，并进一步以黔西北地区为例，应用模糊综合评判法对其进行调查井井位优选。

5.2.1　露头区调查井井位优选标准

露头区主要是指处于现今盆地外围，具有富有机质泥页岩分布，但常规油气勘探极少或未做过勘探工作，地震、钻井等相关资料极少或基本没有的资料空白区。我国南方古生界海相富有机质页岩在扬子地区广泛分布，其中空白区占到总面积的一半以上。根据页岩气聚集机理的特殊性，这些露头区也具有页岩气资源潜力，且目前已在部分地区的露头区获得突破。因此，露头区是页岩气勘探的重要领域，开展露头区页岩气资源调查与勘探具有重要的意义。

调查井是以获取资料、发现页岩气为目的的钻探井，是露头区页岩气勘探的主要手段。调查井井位的优选决定了获取资料的完整度和页岩气发现的早晚。露头区构造、地貌条件通常非常复杂，又缺乏地震等信息资料的指导和参考，只能依据露头地质调查及露头样品的分析测试资料确定，因此调查井井位的优选非常困难，可以借助模糊综合评判法对调查井井位进行优选。

结合我国南方页岩气地质条件和资料条件，本书提出了调查井井位的分级标准和权重分配（表 5-3，表 5-4），该分级标准由两个子集构成，分别是地质条件子集（权

表 5-3　露头区页岩气调查井位优选地质条件分级标准

地质因素	好	较好	中等	较差	差	权重
页岩厚度	>40m	40～30m	30～20m	20～10m	<10m	0.1
预测深度	1000～1500m	800～1000m 或 1500～1800m	600～800m 或 1800～2000m	600～300m 或 2000～3000m	<300m 或>3000m	0.15
地层倾角	<10°	10°～20°	20°～30°	30°～40°	>40°	0.1
断裂发育程度	弱	较弱	中等	发育	断裂带	0.1
与最近露头的距离	>2km	1～2km	0.5～1km	<0.5km	<0.1km	0.1
有机碳含量	>2%	2%～1%	1%～0.5%	0.5%～0.4%	<0.4%	0.1
有机质成熟度	1.2%～2.0%	1.2%～1.0%或 2.0%～2.5%	2.5%～3.5%	3.5%～4.0%	<1.0% 或>4.0%	0.05
脆性矿物含量	40%～50%	50%～55%或 35%～40%	55%～60%或 35%～30%	60%～65%或 30%～25%	<25% 或>65%	0.05
应力场/构造运动	应力平衡区	应力较弱区	应力定向区	应力复杂区	应力集中区	0.05
地下水、地表水条件	不活跃	活动弱	活动较强	活动强	强烈交换	0.1
开口层位确定程度	确定	相对确定	基本确定	推测	不确定	0.1
合计						1.0

表 5-4　露头区页岩气调查井位优选工程地质条件分级标准

工程地质因素	好	较好	中等	较差	差	权重
井场地形高差	<100m	100～200m	200～300m	>300m	>500m	0.1
与村庄、铁路、景区、水库、电网等设施的距离	远离	较近	临近	贴近	重叠	0.05
需辅修、改造的进场道路	0m	50m	500m	>1000m	>2000m	0.1
道路交通	国道	省道	县道	乡道	仅小型车辆可通行	0.2
勘探纵深面积	>10km²	10～5km²	5～2km²	<2km²	0km²	0.1
可利用水源	丰富	较丰富	一般	缺水	无地表水	0.15
空中障碍物	无障碍	轻微遮挡	遮挡	可改造性遮挡	严重遮挡	0.1
土地使用情况	废弃矿场	荒地	差地	良田	特殊用地	0.2
合计						1.0

重 0.7）和工程地质条件子集（权重 0.3），各子集由多个因素组成。该分级标准可在运用过程中结合实际资料和地质特点参考使用。

5.2.2　黔西北地区井位优选

1. 评价区地质概况

黔西北地区位于贵州省西北部，以隆起区为主，包括黔中隆起及其北部。评价区北与川南拗陷相邻，东与武陵拗陷相邻，南与黔南拗陷、黔西南拗陷相邻，西为滇东隆起。地质结构总体上以冲断-褶皱类型为主，区内发育北东向褶皱，呈雁行式排列形成复式背斜。

黔西北地区富有机质页岩主要发育下寒武统牛蹄塘组、下志留统龙马溪组及二叠系龙潭组等。下寒武统牛蹄塘组泥页岩分布稳定，全区发育，有机质类型为Ⅰ型，有机碳含量普遍高于2%，最高可达9.94%，热演化成熟度高。龙马溪组页岩沉积于滞留盆地和深水陆棚环境，为一套笔石页岩，厚度一般在50～200m。有机质类型主体为Ⅰ型，个别地区发育Ⅱ₁型干酪根。有机碳含量普遍高于2%，全区平均为3.09%，有机质成熟度高。二叠系龙潭组煤系泥质岩有机质类型以Ⅱ₂型为主，也有少量Ⅰ型和Ⅲ型分布。有机碳含量在3.74%～5.77%，平均为4.76%。

区内油气勘探程度低，资料少，页岩气的勘探调查需要部署一批调查井，以获得更多资料和页岩气发现。本书通过大量野外地质调查和井位论证工作，初步确定了A、B、C、D、E 5口调查井井位（表5-5），需要通过进一步的工作从中优选两口开展钻探。

2. 井位优选

根据露头区的地质条件和资料条件，构建页岩气调查井井位评价因素集合：

$$U=\{\text{地质条件}\ U_1,\ \text{工程地质条件}\ U_2\}$$

式中，U_1、U_2 为集合 U 的子集。$U_1=\{$页岩厚度 U_{11}，预测深度 U_{12}，地层倾角 U_{13}，断裂发育程度 U_{14}，与最近露头的距离 U_{15}，有机碳含量 U_{16}，有机质成熟度 U_{17}，脆性矿物含量 U_{18}，应力场/构造运动 U_{19}，地下水、地表水条件 U_{20}，开口层位确定程度 $U_{21}\}$；$U_2=\{$井场地形高差 U_{21}，与村庄、铁路、景区、水库、电网等设施的距离 U_{22}，需辅修、改造的进场道路 U_{23}，道路交通 U_{24}，勘探纵深面积 U_{25}，可利用水源 U_{26}，空中障碍物 U_{27}，土地使用情况 $U_{28}\}$。

表 5-5　5 口调查井井位特征

井位	A 井	B 井	C 井	D 井	E 井
页岩目的层	龙马溪组	龙马溪组	牛蹄塘组	牛蹄塘组	龙潭组
页岩厚度/m	>40	>40	40～30	>40	30～20
预测深度/m	500～1000	500～1000	1000～1500	500～1000	500～1000
地层倾角/(°)	10～20	10～20	<10	10～20	<10
断裂发育程度	中等	中等	较弱	较弱	发育
与最近露头的距离/km	1～2	0.5～1	>2	>2	>2
有机碳含量/%	>2	>2	>2	>2	>2
有机质成熟度/%	2.0～2.5	2.0～2.5	2.5～3.5	2.5～3.5	2.0～2.5
脆性矿物含量/%	30～40	30～40	40～50	40～50	30～40
应力场/构造运动	应力定向区	应力定向区	应力较弱区	应力较弱区	应力定向区
地下水、地表水条件	较强	较强	弱	弱	弱
开口层位确定程度	相对确定	相对确定	相对确定	确定	确定
井场地形高差/m	100～200	100～200	100～200	200～300	<100
与村庄、铁路、景区、水库、电网等设施的距离	较近	较近	较近	远离	远离
需辅修、改造的进场道路/m	>1000	0	0	0	50
道路交通	县道	县道	省道	省道	乡道
勘探纵深面积/km²	10～5	10～5	10～5	10～5	5～2
可利用水源	较丰富	较丰富	丰富	缺水	较丰富
空中障碍物	轻微遮挡	轻微遮挡	轻微遮挡	无障碍	无障碍
土地使用情况	荒地	良田	荒地	差地	良田
地质背景认知程度	一般	一般	系统	系统	一般
产状点控程度	8	8	8	8	8
露头点控程度	2	2	3	3	3

U 的权重分配集合为

$$A=\{0.7,\ 0.3\}$$
$$A_1=\{0.1,\ 0.15,\ 0.1,\ 0.1,\ 0.1,\ 0.1,\ 0.05,\ 0.05,\ 0.05,\ 0.1,\ 0.1\}$$
$$A_2=\{0.1,\ 0.05,\ 0.1,\ 0.2,\ 0.1,\ 0.15,\ 0.1,\ 0.2\}$$

把井位有利程度分为 5 个级别，评价集合为

$$V=\{好，较好，中等，较差，差\}$$

从 U 到 V 的模糊映射称为因素评价 R 集合，可按照表 5-6 中的评语级别，分别用 -2、-1、0、1、2 来表示。

根据露头区页岩气调查井位优选地质条件评语分级标准（表 5-6），将表 5-5 中各井的地质特征转换为评语描述，得到各井各因素评语（表 5-7）。

表 5-6　5 个级别的评语表

评语	评语级别				
	−2	−1	0	1	2
好	0	0	0	0.2	0.8
较好	0	0	0.2	0.6	0.2
中等	0	0.25	0.5	0.25	0
较差	0.2	0.6	0.2	0	0
差	0.8	0.2	0	0	0

表 5-7　各井各因素评语

子集	因素	A 井	B 井	C 井	D 井	E 井
地质因素	页岩厚度	好	好	较好	好	中等
	预测深度	中等	中等	好	中等	中等
	地层倾角	较好	较好	好	较好	好
	断裂发育程度	中等	中等	较好	较好	较差
	与最近露头的距离	较好	中等	好	好	好
	有机碳含量	好	好	好	好	好
	有机质成熟度	较好	较好	中等	中等	较好
	脆性矿物含量	中等	中等	好	好	中等
	应力场/构造运动	中等	中等	较好	较好	中等
	地下水、地表水条件	中等	中等	较好	较好	较好
	开口层位确定程度	较好	较好	较好	好	好
工程地质因素	井场地形高差	较好	较好	较好	中等	好
	与村庄、铁路、景区、水库、电网等设施的距离	较好	较好	较好	好	好
	需辅修、改造的进场道路	较差	好	好	好	较好
	道路交通	中等	中等	较好	较好	较差
	勘探纵深面积	较好	较好	较好	较好	中等
	可利用水源	较好	较好	好	较差	较好
	空中障碍物	较好	较好	较好	好	好
	土地使用情况	较好	较差	较好	中等	较差

1）地质条件评价

将 A 井地质因素评语按照表 5-6 中的级别评语形成 R_{11}，它是 A 井第 1 项评价因素（地质条件子集）的综合评价变换矩阵。按照乘积求和计算，A 井地质条件的综合评价 B_{11} 为

$$B_{11} = A_1 \circ R_{11} = \{0.1, 0.15, 0.1, 0.1, 0.1, 0.1, 0.05, 0.05, 0.05, 0.1, 0.1\} \circ \begin{bmatrix} 0 & 0 & 0 & 0.2 & 0.8 \\ 0 & 0.25 & 0.5 & 0.25 & 0 \\ 0 & 0 & 0.2 & 0.6 & 0.2 \\ 0 & 0.25 & 0.5 & 0.25 & 0 \\ 0 & 0 & 0.2 & 0.6 & 0.2 \\ 0 & 0 & 0 & 0.2 & 0.8 \\ 0 & 0 & 0.2 & 0.6 & 0.2 \\ 0 & 0.25 & 0.5 & 0.25 & 0 \\ 0 & 0.25 & 0.5 & 0.25 & 0 \\ 0 & 0.25 & 0.5 & 0.25 & 0 \\ 0 & 0 & 0.2 & 0.6 & 0.2 \end{bmatrix}$$

$= (0,\ 0.1125,\ 0.295,\ 0.3625,\ 0.23)$

按同样的方法计算，得到 B、C、D、E 井的地质条件综合评价为

$$B_{21} = (0, 0.1375, 0.325, 0.3275, 0.21)$$

$$B_{31} = (0, 0.0125, 0.115, 0.3825, 0.49)$$

$$B_{41} = (0, 0.05, 0.17, 0.35, 0.43)$$

$$B_{51} = (0.02, 0.1475, 0.225, 0.2575, 0.35)$$

A 井地质条件综合评价值为

$$D_{11} = (0,\ 0.1125,\ 0.295,\ 0.3625,\ 0.23) \begin{bmatrix} -2 \\ -1 \\ 0 \\ 1 \\ 2 \end{bmatrix} = 0.71$$

B、C、D、E 井地质条件综合评价值分别为 0.61、1.35、1.16、0.77，因此，从地质条件来看，5 口井的有利性排序依次为：C 井、D 井、E 井、A 井、B 井。

2）工程地质条件评价

将 A 井工程地质因素评语按照表 5-6 中的级别评语形成 R_{12}，它是 A 井第 2 项评价因素（工程地质条件子集）的综合评价变换矩阵。按照乘积求和计算，A 井地质条件的综合评价 B_{12} 为

$$\boldsymbol{B}_{12}=A_2\circ\boldsymbol{R}_{12}=\{0.1,0.05,0.1,0.2,0.1,0.15,0.1,0.2\}\circ\begin{bmatrix}0&0&0.2&0.6&0.2\\0&0&0.2&0.6&0.2\\0&0.6&0.2&0.2&0\\0&0.25&0.5&0.25&0\\0&0&0.2&0.6&0.2\\0&0&0.2&0.6&0.2\\0&0&0.2&0.6&0.2\\0&0&0.2&0.6&0.2\end{bmatrix}$$

$$=(0.02,0.11,0.26,0.49,0.14)$$

按同样的方法计算，得到 B、C、D、E 井的工程质条件综合评价为

$$\boldsymbol{B}_{22}=(0.04,0.17,0.24,0.37,0.18)$$
$$\boldsymbol{B}_{32}=(0,0,0.15,0.5,0.35)$$
$$\boldsymbol{B}_{42}=(0.03,0.165,0.24,0.305,0.26)$$
$$\boldsymbol{B}_{52}=(0.08,0.265,0.18,0.225,0.25)$$

A 井工程地质条件综合评价值为

$$D_{12}=(0.02,0.11,0.26,0.49,0.14)\begin{bmatrix}-2\\-1\\0\\1\\2\end{bmatrix}=0.62$$

B、C、D、E 井工程地质条件综合评价值分别为 0.48、1.2、0.6、0.3，因此，从工程地质条件来看，5 口井的有利性排序依次为：C 井、A 井、D 井、B 井、E 井。

3）井位综合评价

A 井的综合评价为

$$\boldsymbol{B}_1=A\circ\boldsymbol{R}_1=\{0.7,0.3\}\circ\begin{bmatrix}0&0.1125&0.295&0.3625&0.23\\0.02&0.11&0.26&0.49&0.14\end{bmatrix}$$

$$=(0.006,0.11175,0.2845,0.40075,0.203)$$

同样的方法得到 B、C、D、E 井的综合评价为

$$\boldsymbol{B}_2=(0.012,0.14725,0.2995,0.34025,0.201)$$
$$\boldsymbol{B}_3=(0,0.00875,0.1255,0.41775,0.448)$$
$$\boldsymbol{B}_4=(0.009,0.0845,0.191,0.3365,0.379)$$
$$\boldsymbol{B}_5=(0.038,0.18275,0.2115,0.24775,0.32)$$

A 井的综合评价值为

$$D_1 = (0.006, 0.11175, 0.2845, 0.40075, 0.203) \begin{bmatrix} -2 \\ -1 \\ 0 \\ 1 \\ 2 \end{bmatrix} = 0.683$$

B、C、D、E 井工程地质条件综合评价值分别为 0.571、1.305、0.992、0.629。

综合地质条件与工程地质条件（表 5-8），5 口井的综合有利性排序依次为：C 井、D 井、A 井、E 井、B 井。

表 5-8　5 口井综合评价分值

井号	A 井	B 井	C 井	D 井	E 井
地质条件评价分值	0.71	0.61	1.35	1.16	0.77
工程地质条件评价分值	0.62	0.48	1.2	0.6	0.3
综合评价分值	0.683	0.571	1.305	0.992	0.629

5.3　有利区优选结果

页岩气发育有利区优选原则主要以区块地质条件为基础，以区块内富含有机质页岩为目标，以页岩的分布特征（厚度、连续性、面积等）、有机地球化学特征、岩石矿物特征、储集性能、保存条件、页岩气显示及测试、经济技术条件等资料为依据，优选出页岩气发育有利区，为预测页岩气地质资源量提供依据，并直接为页岩气发育核心区优选服务。在远景区的优选基础上还需要补充其他优选参数，如区域构造特征、裂缝和孔隙、岩石力学参数、干酪根类型和显微组分、矿物组成、岩石物性（孔渗）、地层沉降史、生烃能力、含气性、保存条件、气显异常等。研究区内牛蹄塘组和五峰组—龙马溪组两套黑色页岩均具有区域分布广、地层厚度大、有机碳含量高、有机质成熟度普遍较高（已转化为油型裂解气）、含气量大（普遍大于 $1\text{m}^3/\text{t}$）、埋藏适中、裂缝发育等特点，是研究区内富集页岩气的有利层段。鉴于我国页岩气研究处在起步阶段，可供研究的资料较少，本书主要选取有机碳含量、有机质成熟度、厚度及含气量等指标，采用综合信息叠合法对研究区页岩气发育有利区进行预测。

根据美国主要页岩气富集区地质特征、页岩气聚集主控因素和我国川渝黔鄂地区下古生界富有机质页岩主要地质特征的分析对比（表 5-9，表 5-10），认为川渝黔鄂地区页岩热演化程度一般大于 2%，普遍较高，因此其相应的有机碳含量指标可以适当降低。

表 5-9 美国主要产页岩气盆地含气页岩段主要地质特征

盆地	阿巴拉契亚盆地	密执安盆地	伊利诺斯盆地	福特沃斯盆地	圣胡安盆地	阿科马盆地	
页岩名称	Ohio	Antrim	New Albany	Barnett	Lewis	Woodford	Fayetteville
时代	D	D	D	C_1	K_1	D_3	C_1
气体成因	热解气	生物气	热解气、生物气	热解气	热解气	热解气	热解气
盆地面积/km²	281000	316000	—	38100	—	88000	88000
埋深/m	610~1524	183~730	183~1494	1981~2591	914~1829	1829~3353	3048~4115
厚度/m	91~610	49	31~140	30~152	152~579	37~67	6~76
干酪根类型	II	I	II	II	III为主，少量II	II	II
有机碳含量/%	0.5~23	0.3~24	1~25	1~13	0.45~3	1~14	2~9.8
有机质成熟度/%	0.4~4	0.4~0.6	0.4~0.8	1.0~2.1	1.6~1.88	1.1~3	>1.2
含气量/(m³/t)	1.7~2.83	1.13~2.83	1.13~2.64	8.49~9.91	0.37~1.27	5.66~8.5	1.7~6.23
总孔隙度/%	2~11	2~10	5~15	1~6	0.5~5.5	3~9	2~8
渗透率/10⁻³μm²	<0.1	<0.1	<0.1	0.01	<0.1	<0.1	<0.2
含水饱和度/%	12~35	—	—	25~35	—	—	15~50
储层压力/10⁻¹MPa	34~136	<27	21~41	204~272	—	—	—
井控范围/km²	0.16~0.65	0.16~0.65	0.32	0.24~0.65	0.32	2.59	0.32~0.65
直井初始产量/(10⁴m³/d)	—	0.17	0.07~0.21	—	0.28~0.57	—	0.57~1.17
水平井初始产量/(10⁴m³/d)	1.42~11.3	—	<5.7	1.42~11.3	—	—	2.8~9.9
平均单井可采储量（水平）/10⁸m³	<1.06	—	—	<0.75	—	—	<0.62
采收率/%	17.5	26	12	13.5	33	5	8
资源丰度（10⁸m³/km²）	1.73	0.69	0.42	7.15	1.74	2.29	6.3
原始地质储量/10¹²m³	42.4755	2.1521	4.5307	9.2597	1.7389	6.513	14.725
技术可采储量/10¹²m³	7.4191	0.5663	0.5437	1.246	0.5664	0.3228	1.178

注：据文献 Curtis，2002；Warlick，2006；Montgomery et al.，2005；Hill et al.，2002；Bowker，2007 等编，数据由英制单位换算。

表 5-10　我国川渝黔鄂地区下古生界富有机质页岩主要地质特征

地区	川西		川西南		川南		滇东-黔北		渝东南-湘西		川东-鄂西		川北		川中	
层位	€$_1$n	O$_3$w-S$_1$l	€$_1$n	O$_3$w-S$_1$l	€$_1$n	O$_3$w-S$_1$l	€$_1$n	O$_3$w-S$_1$l	€$_1$n	O$_3$w-S$_1$l	€$_1$n	O$_3$w-S$_1$l	€$_1$n	O$_3$w-S$_1$l	€$_1$n	O$_3$w-S$_1$l
成因类型	热解气	生物气	热解气	生物气	热解气	生物气	热解气	生物气	热解气	生物气	热解气	生物气	热解气	生物气	热解气	生物气
埋深/km	2~6.5	1~6	2~4	1~2.5	3~5.5	1.5~3.5	1~3	0.5~2	1~2.5	<1.5	2~6	0.4~4	1.5~5	2~6	3~6	>4
净厚度/m	10~50 / 18	0~20 / 8	40~229 / 80	25~100 / 42	75~230 / 110	55~200 / 80	30~500 / 92	20~160 / 45	60~206 / 90	17~74 / 45	0~200 / 78	30~220 / 75	10~211 / 75	20~130 / 50	0~100 / 40	0~40 / 16
干酪根类型	主要为I型，少量为II型	主要为II$_1$型	主要为I型，少量为II型	主要为II$_1$型	主要为I型，少量为II型	主要为II$_1$型	主要为I型	主要为II$_1$型，少量为II$_2$型	主要为I型	主要为II$_1$型，少量为II$_2$型	主要为I型	主要为II$_1$型，少量为II$_2$型	主要为I型	主要为II$_1$型，少量为II$_2$型	主要为I型	主要为II$_1$型，少量为II$_2$型
有机碳含量/%	1.82~2.12 / 1.91	0.97~3.43 / 2.3	0.62~7.99 / 2.53	0.07~3.79 / 1.79	1.1~7.24 / 3.25	1.44~4.27 / 3.17	0.04~14.3 / 4.56	0.25~6.16 / 1.79	0.52~7.59 / 2.66	0.12~7.97 / 1.52	0.28~4.32 / 2.03	0.26~7.56 / 3.04	1.86~11.8 / 4.95	1.16~5.24 / 3	2.18~2.95 / 2.57	0.26~6.13 / 2.5
有机质成熟度/%	1.5~3.4 / 2.75	1.2~3.15 / 2.39	3.1~4 / 3.51	2.53~3.28 / 2.81	2.62~3.53 / 3.1	2.01~3.8 / 2.84	1.29~5.5 / 2.88	1.6~2.53 / 2.08	1.6~3.55 / 2.85	2.19~3.36 / 2.63	2.26~4.3 / 3.32	1.56~4.3 / 2.65	2.22~4.2 / 2.98	1.04~3.9 / 2.3	2.95~3.3 / 3.12	1.95~4.23 / 2.66
总孔隙度/%	—	19.5 / 19.5	2.2~6.48 / 3.84	—	0.93 / 0.93	6 / 6	1.5~18.9 / 8.81	1.5~6.1 / 4.18	0.7~5.8 / 2.44	1.4~5.4 / 3.2	—	0.77~15.1 / 5.13	11.8 / 11.8	—	—	—
渗透率/10^{-3} μm^2	0.011 / 0.011	0.021 / 0.021	0.0037 / 0.0037	—	—	0.0013 / 0.0013	0.002~0.022 / 0.01	0.002~0.007 / 0.0039	0.002~0.056 / 0.0013	0.003~0.033 / 0.0111	—	0.0014~0.058 / 0.0118	—	—	—	—
脆性矿物含量/%	38~62 / 50	13~70 / 41.5	40~57 / 51.5	59 / 59	—	39~66 / 52.5	42~78 / 56.4	36~49 / 44	29~79 / 55	26~64 / 46.2	35~52 / 45	35~69 / 50.1	40~62 / 51	80 / 80	—	50.1 / 50.1
黏土矿物含量/%	20~38 / 29	28~85 / 56.5	38~40 / 39	—	—	—	8~54 / 34.8	39~58 / 47.5	13~61 / 34	28~62 / 41.4	38~53 / 44	27~57 / 38.6	20~30 / 25	16 / 16	—	—
含气量/(m^3/t)	2.42~2.76 / 2.59	0.5~7.11 / 3.81	0.19~0.92 / 0.56	0.16 / 0.16	—	1~3.36 / 2.18	0.54~6.96 / 3.21	0.57~4.54 / 1.54	1.48~7.91 / 3.21	1.17~4.88 / 2.24	0.2~3.4 / 1.4	0.56~5.25 / 2.23	0.45~2.76 / 1.6	3.07 / 3.07	—	—
气显异常(气侵、井涌)	—	发现	发现	发现	—	发现	发现	—	—	发现	—	发现	—	—	发现	—
探井试采	—	—	见产	见产	—	见产	一般	—	见产	见产	—	见产	—	—	—	—
油气勘探程度	较弱	较弱	高	高	较高	较高	一般	一般	弱	弱	高	高	弱	弱	一般	一般

注：$\dfrac{10\sim50}{18}$ 表示 $\dfrac{\text{最小值}\sim\text{最大值}}{\text{平均值}}$。

本书有利区有机碳含量的优选标准至少应为 2%，有机质成熟度达到 1.3%即可，但最高不能大于 3.4%。福特沃斯盆地 Barnett 页岩气聚集的最大埋深和最小厚度分别为 2591m 和 30m，而我国川渝黔鄂地区下古生界富有机质页岩厚度较大，因此，最大埋深和最小厚度指标都可以适当加大，类比福特沃斯盆地 Barnett 页岩分别取值为 4000m 和 35m，含气量类比美国的生产经验并考虑预测层系的埋深假设，达到 1m³/t 即可。

综合分析川渝黔鄂地区黑色页岩的沉积环境、有机碳含量、厚度、有机质成熟度和最大吸附气含量等指标，并将其与美国主要页岩气盆地进行类比研究，认为川渝黔鄂地区下寒武统页岩气聚集发育的最有利区位于川西南—川南、黔北—渝东南—湘西—鄂西和川北 3 个区域（表 5-11，图 5-2）。

表 5-11　预测页岩气发育有利区关键参数选择标准

参　数	取值范围
有机碳含量/%	>2
有机质成熟度/%	1.3～4
含气量/（m³/t）	>1
孔隙度/%	>2
渗透率/10^{-3}μm²	>100
脆性矿物含量/%	>40
黏土矿物含量/%	<30
可改造闭合裂缝	较为发育
厚度/m	>35
埋深/m	<4000
面积/km²	>300
气显异常	有发现
构造/保存条件	构造平缓区，大型断层欠发育
地表条件	山丘-平原

（1）川西南—川南：该区沉积时为川南深水陆棚区和湘黔热水深水陆棚区，与华南洋相通，黑色页岩在自贡—宜宾—泸州—习水一带厚度可达 40～140m；有机碳含量普遍大于 2%，有机碳含量在 2.0%以上的富有机质页岩厚度较大、分布范围较广，局部地区的有机碳含量超过 5%；有机质成熟度较高，均超过 2%，达到过成熟晚期阶段以后，失去生气能力，但可以保存先前生成的天然气；保存条件相对较好，吸附气含量基本也都在 1.5m³/t 及以上，且该区多口井穿过下寒武统黑色页岩段均发现了气显现象。

（2）黔北—渝东南—鄂西：该区沉积时大部分属于深水陆棚区，在岑巩—江口—松桃—秀山—咸丰—恩施—利川—巫溪一带页岩厚度最大超过 200m，一般超过 80m；有机碳含量大于 2%，在湘西张家界和黔北遵义有机碳含量最高超过 5%；有机质成熟度基本介于 2%～3%；埋藏相对适中，保存条件相对较好，吸附气含量基本也都在 1.5m^3/t 及以上，在鄂西恩施附近发现多口井气测异常。

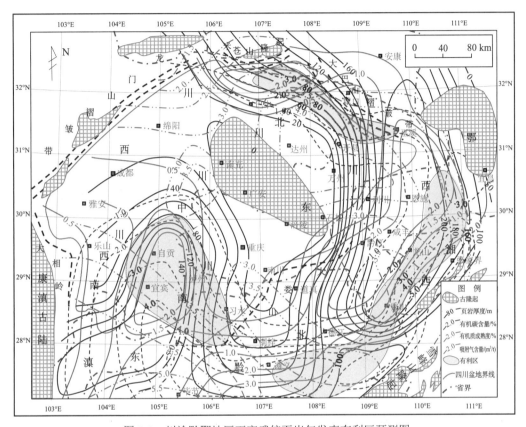

图 5-2　川渝黔鄂地区下寒武统页岩气发育有利区预测图

（3）川北地区为深水陆棚区，与秦岭洋相联系，沉积了大套的碳质页岩、黑色页岩，其中黑色页岩厚度较大；在南江东南—城口西南—巴中东北部一带厚度大于 80m，有机碳含量基本超过 2%，局部地区达到 3%；有机质成熟度在 2%～3.5%，为过成熟阶段，是 3 个有利区中有机质成熟度较低的区域；埋藏相对较浅，受构造运动改造，地表、保存条件一般，吸附气含量基本也都在 1.5m^3/t 及以上。

川渝黔鄂地区上奥陶统—下志留统页岩气聚集发育的最有利区位于川西南—川南、渝东—黔北、湘西—鄂西 3 个区域（图 5-3）。

（1）川西南—川南地区：在黔中隆起和川中古隆起夹持的前陆盆地滞留环境的深水陆棚中沉积了厚层的黑色页岩，厚度较大，最小厚度超过 40m，在自贡—宜宾—泸州—南川—道真一带厚度为 80～200m；在泸州—古蔺—桐梓一带为有机碳高值区，有机碳含量高达 4.28%；页岩成熟度较大，形成宜宾—泸州—习水—桐梓—綦江高值区，有机质成熟度为 2%～3.5%，处于过成熟早期阶段和过成熟晚期阶段早期，虽失去生气能力，但由于其具有高有机碳含量和高孔隙度，尚能在条件适合的区域保存大量天然气资源；吸附气含量基本也都在 1.5m³/t 及以上，且该区多口井穿过下寒武统黑色页岩段均发现了气显现象。

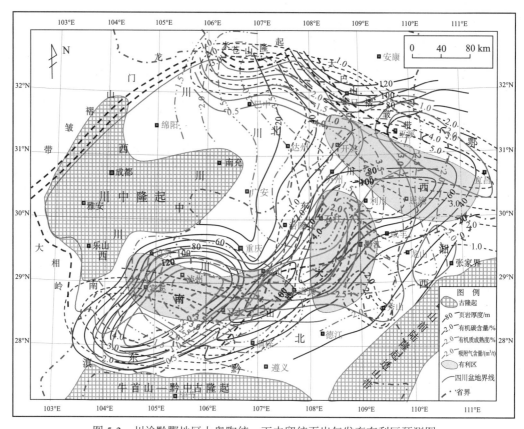

图 5-3 川渝黔鄂地区上奥陶统—下志留统页岩气发育有利区预测图

（2）渝东—黔北地区：该区沉积时大部分属于深水陆棚区，黑色页岩在石柱—武隆—彭水—黔江—酉阳—沿河一带厚度一般超过 60m，其中渝页 1 井厚度达 220m；有机碳含量一般大于 2%，有机碳含量最高达 5.32%；吸附气含量基本也都在 1.5m³/t 及以上；该区页岩成熟度介于 2.5%～3.5%，处于过成熟早期阶段和过成熟晚期阶段；埋藏相对较浅，受构造运动改造严重，地表、保存条件一般，在保存条件较好的区域页岩气方可成藏。

（3）湘鄂西深水陆棚区，与秦岭洋相联系，沉积了大套的碳质页岩、黑色页岩，厚度较大；该区的黑色页岩在利川—恩施—宜昌—开县一带厚度大于 100m，有机碳含量普遍大于 2%，有机质成熟度介于 2.0%～3.5%，为过成熟阶段；该区保存条件相对较好，吸附气含量基本也都在 1.5m³/t 及以上，且多口井穿过上奥陶统—下志留统黑色页岩段均发现了气显现象。

参 考 文 献

包书景. 2008. 非常规油气资源展示良好开发前景. 中国石化,（10）: 29-30.

陈兰, 伊海生, 胡瑞忠, 等. 2005. 羌塘盆地侏罗纪双壳类化石组合及古环境. 成都理工大学学报（自然科学版）, 32（5）: 466-473.

陈旭, 戎嘉余, 樊隽轩. 2000. 扬子区奥陶纪末赫南特亚阶的生物地层学研究. 地层学杂志, 24（3）: 169-175.

戴鸿鸣, 黄东, 刘旭宁, 等. 2008. 蜀南西南地区海相烃源岩特征与评价. 天然气地球科学, 19（4）: 503-508.

戴金星, 夏新宇, 卫延召, 等. 2001. 四川盆地天然气的碳同位素特征. 石油实验地质, 23（2）: 115-121.

董大忠, 程克明, 王世谦, 等. 2009. 页岩气资源评价方法及其在四川盆地的应用. 天然气工业, 29（5）: 33-39.

高瑞祺. 2001. 中国油气新区勘探. 北京: 石油工业出版社.

郭正吾. 1996. 四川盆地形成与演化. 北京: 地质出版社.

郝石生, 王飞宇. 1996. 下古生界高过成熟烃源岩特征和评价. 中国石油勘探,（2）: 25-32.

黄第藩, 李晋超, 姜乃煌, 等. 1983. 柴达木盆地新第三系中甾烷和萜烷作为油源和成熟度标记的研究. 中国科学: 化学、生物学、农学、医学、地学,（7）: 68-80.

黄第藩, 李晋超, 张大江. 1984. 干酪根的类型及其分类参数的有效性、局限性和相关性. 沉积学报, 2（3）: 18-33.

贾承造, 李本亮, 张兴阳, 等. 2007. 中国海相盆地的形成与演化. 科学通报, 52（1）: 1-8.

金之钧, 蔡立国. 2007. 中国海相层系油气地质理论的继承与创新. 地质学报, 81（8）: 1017-1024.

李德生. 2005. 石油地质学与基础学科研究. 新疆石油地质, 26（2）: 217-220.

李慧莉, 金之钧, 何治亮, 等. 2007. 海相烃源岩二次生烃热模拟实验研究. 科学通报, 52（11）: 1322-1328.

李景明, 罗霞, 冉君贵. 2006. 三大古板块是中国寻找大气田的重要领域. 天然气工业, 26（12）: 15-19.

李明诚. 2004. 油气运移基础理论与油气勘探. 地球科学, 29（4）: 379-383.

李胜荣, 高振敏. 1995. 湘黔地区牛蹄塘组黑色岩系稀土特征——兼论海相热水沉积岩稀土模式. 矿物学报,（2）: 225-229.

李新景, 胡素云, 程克明. 2007. 北美裂缝性页岩气勘探开发的启示. 石油勘探与开发, 34（4）: 392-400.

李玉喜, 聂海宽, 龙鹏宇. 2009. 我国富含有机质泥页岩发育特点与页岩气战略选区. 天然气工业, 29（12）: 115-118.

梁狄刚, 郭彤楼, 陈建平, 等. 2008. 中国南方海相生烃成藏研究的若干进展（一）: 南方四套区域性海相烃源岩的分布. 海相油气地质, 13（3）: 1-16.

梁狄刚, 郭彤楼, 边立曾, 等. 2009. 中国南方海相生烃成藏研究的若干新进展（三）: 南方四套区域性海相烃源岩的沉积相及发育的控制因素. 海相油气地质, 14（2）: 1-19.

刘和甫, 汪泽成, 熊保贤, 等. 2000. 中国中西部中、新生代前陆盆地与挤压造山带耦合分析. 地学前缘, 7（3）: 55-72.

刘洪林, 邓泽, 刘德勋, 等. 2010. 页岩含气量测试中有关损失气量估算方法. 石油钻采工艺, 32（b11）: 156-158.

刘若冰, 田景春, 魏志宏, 等. 2006. 川东南地区震旦系—志留系下组合有效烃源岩综合研究. 天然气地球科学, 17（6）：824-828.

刘树根, 孙玮, 李智武, 等. 2008. 四川盆地晚白垩世以来的构造隆升作用与天然气成藏. 天然气地球科学, 19（3）：293-300.

刘树根, 曾祥亮, 黄文明, 等. 2009. 四川盆地页岩气藏和连续型-非连续型气藏基本特征. 成都理工大学学报（自然科学版）, 36（6）：578-592.

刘树根, 徐国盛, 徐国强, 等. 2004. 四川盆地天然气成藏动力学初探. 天然气地球科学, 15（4）：323-330.

马力, 陈焕疆, 甘克文, 等. 2004. 中国南方大地构造和海相油气地质(上册). 北京：地质出版社：1-200.

聂海宽, 唐玄, 边瑞康. 2009. 页岩气成藏控制因素及中国南方页岩气发育有利区预测. 石油学报, 30（4）：484-491.

聂海宽, 包书景, 高波, 等. 2012. 四川盆地及其周缘下古生界页岩气保存条件研究. 地学前缘, 19（3）：280-294.

庞雄奇, 陈章明, 陈发景. 1997. 排油气门限的基本概念、研究意义与应用. 现代地质, 11（4）：510-520.

庞雄奇, 李素梅, 金之均, 等. 2004. 排烃门限存在的地质地球化学证据及其应用. 地球科学：中国地质大学学报, 29（4）：384-390.

蒲泊伶, 包书景, 王毅, 等. 2008. 页岩气成藏条件分析——以美国页岩气盆地为例. 石油地质与工程, 22（3）：33-35.

陶树, 汤达祯, 许浩, 等. 2009. 中、上扬子区寒武—志留系高过成熟烃源岩热演化史分析. 自然科学进展, 19(10)：1126-1133.

腾格尔, 高长林, 胡凯, 等. 2006. 上扬子东南缘下组合优质烃源岩发育及生烃潜力. 石油实验地质, 28（4）：360-365.

汪新伟, 沃玉进, 周雁, 等. 2010. 上扬子地区褶皱-冲断带的运动学特征. 地学前缘, 17（3）：200-212.

汪泽成, 赵文智, 彭红雨. 2002. 四川盆地复合含油气系统特征. 石油勘探与开发, 29（2）：26-28.

王兰生, 邹春艳, 郑平, 等. 2009. 四川盆地下古生界存在页岩气的地球化学依据. 天然气工业, 29（5）：59-62.

魏国齐, 刘德来, 张林. 2005. 四川盆地天然气分布规律与有利勘探领域. 天然气地球科学, 16（4）：437-442.

文玲, 胡书毅, 田海芹. 2001. 扬子地区寒武系烃源岩研究. 西北地质, 34（2）：67-74.

沃玉进, 周雁, 肖开华. 2009. 中国南方海相层系埋藏史类型与生烃演化. 沉积与特提斯地质, 30（2）：177-187.

徐国盛, 袁海锋, 马永生, 等. 2007. 川中—川东南地区震旦系—下古生界沥青来源及成烃演化. 地质学报, 81（8）：1143-1152.

徐世琦, 洪海涛, 李翔. 2002. 四川盆地震旦系油气成藏特征与规律. 天然气勘探与开发, 25（4）：1-5.

张建新, 孟繁聪, 于胜尧. 2010. 两条不同类型的 HP/LT 和 UHP 变质带对祁连-阿尔金早古生代造山作用的制约. 岩石学报, 26（7）：1967-1992.

张健, 张奇. 2002. 四川盆地油气勘探——历史回顾及展望. 天然气工业, （S1）：3-7

张金川, 薛会, 张德明, 等. 2003. 页岩气及其成藏机理. 现代地质, 17（4）：466.

张金川, 金之钧, 袁明生. 2004. 页岩气成藏机理和分布. 天然气工业, 24（7）：15-18.

张金川, 薛会, 卞昌蓉, 等. 2006. 中国非常规天然气勘探雏议. 天然气工业, 26（12）：53-56.

张金川, 徐波, 聂海宽, 等. 2007. 中国天然气勘探的两个重要领域. 天然气工业, 27（11）：1-6.

张金川, 聂海宽, 徐波, 等. 2008a. 四川盆地页岩气成藏地质条件. 天然气工业, 28（2）：151-156.

张金川, 徐波, 聂海宽, 等. 2008b. 中国页岩气资源量勘探潜力. 天然气工业, 28（6）：136-140.

张金川, 汪宗余, 聂海宽, 等. 2008c. 页岩气及其勘探研究意义. 现代地质, 22（4）：640-646.

张金川, 姜生玲, 唐玄, 等. 2009. 我国页岩气富集类型及资源特点. 天然气工业, 28（12）: 109-114.

赵宗举, 杨树锋, 周进高, 等. 2000. 合肥盆地逆掩冲断带地质-地球物理综合解释及其大地构造属性. 成都理工大学学报（自然科学版）, 27（2）: 151-157.

赵宗举, 俞广, 朱琰, 等. 2003. 中国南方大地构造演化及其对油气的控制. 成都理工大学学报（自然科学版）, 30（2）: 155-168.

朱光有, 张水昌, 梁英波, 等. 2006. 四川盆地威远气田硫化烃的成因及其证据. 科学通报, 51（23）: 2780-2788.

邹才能, 董大忠, 王社教, 等. 2010. 中国页岩气形成机理、地质特征及资源潜力. 石油勘探与开发, 37(6): 641-653.

Bowker K A. 2003. Recent development of the Barnett Shale play, Fort Worth Basin. West Texas Geological Society Bulletin, 42（6）: 4-11.

Bowker K A. 2007. Barnett Shale gas production, Fort Worth Basin: Issues and discussion. AAPG Bulletin, 91（4）: 523-533.

Claypool G E, Threkeld C N, Bostick N H. 1978. Natural gas occurrence related to regional thermal rank of organic matter(maturity)in Devonian rocks of the Appalachian basin//Preprints for Second Eastern Shale Symposium. US Department of Energy, Morgantwon Energy Technology Center Report, USA, SP-78-6: 54-65.

Crovelli R A. 2000. Analytic resource assessment method for continuous（unconventional）oil and gas accumulations; the 'ACCESS' method. Open-File Report.

Curtis J B. 2002. Fractured shale-gas systems. AAPG Bulletin, 86（11）: 1921-1938.

David F M. 2007. History of the Newark East Field and the Barnett Shale as a gas reservoir. AAPG Bulletin, 91（4）: 399-403.

Hill D G, Lombardi T E, Martin J P. 2002. Fractured gas shale potential in New York. Arvada: Ontario Petroleum Institute: 1-16.

Jarvie D M, Hill R J, Ruble T E, et al. 2007. Unconventional shale-gas systems: The Mississippian Barnett Shale of north-central Texas as one model for thermogenic shale-gas assessment. AAPG Bulletin, 91(4): 475-499.

Johnsonibach L E. 1980. Relationship between sedimentation rate and total organic carbon content in ancient marine sediments. AAPG Bulletin, 66（2）: 170-188.

Lee W, Sidle R. 2010. Gas reserves estimation in resource plays. SPE Economics & Management, 2（2）: 86-91.

Martini A M, Walter L M, Ku T C W, et al. 2003. Microbial production and modification of gases in sedimentary basins: A geochemical case study from a Devonian shale gas play, Michigan basin. AAPG Bulletin, 87（8）: 1355-1375.

Martineau D F. 2007. History of the Newark East Field and the Barnett Shale as a gas reservoir. AAPG Bulletin, 91（4）: 399-403.

Mavor M. 2003. Barnett Shale gas-in-place volume including sorbed and free gas volume. AAPG Southwest Section Meeting, Texas, 3: 1-4.

Matthew W. 2011. Worldwide shale gas resource assessment event summary. Washington, DC: Center for Strategic & International Studies.

Milici R C. 1993. Autogenic gas（self sourced）from shales-An example from the Appalachian basin. Howell D G. The Future of Energy Gases: U. S. Geological Survey Professional Paper, 1570: 253-278.

Milici R C, Ryder R T, Swezey C S, et al. 2011. Assessment of undiscovered oil and gas resources of the Devonian Marcellus Shale of the Appalachian Basin Province. U. S. geological Survey, 3（1）: 140-143.

Montgomery S L, Jarvie D M, Bowker K A, et al. 2005. Mississippian Barnet Shale, Fort Worth basin, north-central Texas: Gas-shale play with muti-trillion cubic foot potential. AAPG Bulletin, 89（2）: 155-175.

Pollastro R M. 2007. Total petroleum system assessment of undiscovered resources in the giant Barnett Shale continuous（unconventional）gas accumulation, Fort Worth basin, Texas. AAPG Bulletin, 91（4）: 551-578.

Ross D J K, Bustin R M. 2007. Shale gas potential of the Lower Jurassic Gordondale Member, northeastern British Columbia, Canada. Bulletin of Canadian Petroleum Geology, 55（1）: 51-75.

Ross D J K, Bustin R M. 2008. Characterizing the shale gas resource potential of Devonian-Mississippian strata in the Western Canada sedimentary basin: Application of an integrated formation evaluation. AAPG Bulletin, 92（1）: 87-125.

Schidlowski M. 1991. Organic carbon isotope record: index line of autotrophic carbon fixation over 3. 8 Gyr of Earth history. Journal of Southeast Asian Earth Sciences, 5（1-4）: 333-337.

Scholl M. 1980. The hydrogen and carbon isotopic composition of methane from natural gases of various origins. Geochimica et Cosmochimica Acta, 44（5）: 649-661.

Rouquerol F, Rouquerol J, Sing K. 2014. Adsorption at the liquid-solid interface: Thermodynamics and methodology. Adsorption by Powders & Porous Solids. San Diego: Academic Press: 105-158.

Schmoker J W. 1981. Determination of organic-matter content of Appalachian Devonian shales from gamma-ray logs. AAPG Bulletin, 62: 1285-1298.

Schmoker J W. 1993. Use of formation density logs to determine organic-carbon content in Devonian shales of the western Appalachian basin, and an additional example based on the Baken Formation of the Willeston basin//Roen J B, Kepferle R C. Petroleum Geology of Devonian and Mississipian Black Shale of eastern North America. US Geological Survey Bulletin, 1909: 1-14.

Tissot B P, Welte D H. 1984. Petroleum Formation and Occurrence. Berlin, Heidelberg : Springer-Verlag

Wang F P, Reed R M. 2009. Pore networks and fluid flow in gas shales. New Orleans: Society of Petroleum Engineers.

Warlick D. 2006. Gas shale and CBM development in North America. Oil and Gas Financial Journal, 3（11）: 1-5.

Zeilinski R E, McIver R D. 1982. Oil and gas potential in Devonian gas shales of the Appalachian basin. U. S. Department of Energy Report.